FROM IDEA TO APP

CREATING IOS UI, ANIMATIONS, AND GESTURES

iOS App界面设计创意与实践

[美] Shawn Welch 著　　郭华丰 译

人民邮电出版社
北京

图书在版编目（C I P）数据

iOS App界面设计创意与实践 / (美) 韦尔奇
(Welch, S.) 著 ; 郭华丰译. -- 北京 : 人民邮电出版社
, 2013.1
ISBN 978-7-115-29647-4

Ⅰ. ①i… Ⅱ. ①韦… ②郭… Ⅲ. ①移动终端－应用
程序－程序设计 Ⅳ. ①TN929.53

中国版本图书馆CIP数据核字(2012)第248973号

版权声明

iOS App 界面设计创意与实践

- 著　　[美] Shawn Welch
- 译　　郭华丰

  责任编辑　汪　振
- 人民邮电出版社出版发行　　北京市崇文区夕照寺街 14 号

  邮编　100061　　电子邮件　315@ptpress.com.cn

  网址　http://www.ptpress.com.cn

  北京精彩雅恒印刷有限公司印刷
- 开本：800×1000　1/16

  印张：16

  字数：231 千字　　2013 年 1 月第 1 版

  印数：1－3 500 册　　2013 年 1 月北京第 1 次印刷

著作权合同登记号　图字：01-2011-3847 号

ISBN 978-7-115-29647-4

定价：59.00 元

读者服务热线：(010)67132692　印装质量热线：(010)67129223

反盗版热线：(010)67171154

广告经营许可证：京崇工商广字第 0021 号

内容提要

在移动开发领域，也许每个App的用途都有所不同，不过它们都一定是源自于同一个开始，那就是一个最初的创意。这个创意可以来自于任何人——设计师或者开发者，营销经理或者CEO。本书的意义就在于向读者介绍如何把创意变成真实的App。

本书包括iOS入门、iOS用户界面基础、设计iOS自定义用户界面对象、向UI添加动画、通过手势进行人机交互等5个部分。由浅入深地向读者介绍如何搭建iOS开发系统，并最终将自己的创意付诸于真实的App之中。

本书适合iOS开发者学习使用。

献辞

献给我的父母：Dave Welch和 Kelly Welch。

感谢你们为我更好地成长做出的牺牲，感谢你们在我的生命中所投入的时间，我的成功也就是你们的成功。

致谢

非常感谢Kelby Media集团的Dave Moser和Scott Kelby。在他们的团队中，我的技术得到了完善，并且逐步成长为一个iOS开发者。同时，Scott Kelby在百忙之中抽空给本书写了序，我由衷地感激他这么多年给我的建议和支持。

感谢Matt Kloskowski、Dave Cross、RC Concepcion、Corey Barker、Paul Wilder、Erik Kuna、Tommy Maloney以及其他NAPP的朋友们，他们为我的某些App的早期版本提供了很多有价值的反馈。同样感谢Nancy Massé，她总是给我提供很多帮助，是她首先把我介绍给了Dave Moser 和Scott Kelby。

感谢Scott Cowlin，是他第一个支持我疯狂的想法：写一本给设计师看的技术书籍。同样感谢Michael Nolan、Margaret Anderson、Gretchen Dykstra以及其他在Peachpit出版社的员工，在他们的帮助下，我才把这个想法变成了不可思议的书本。感谢我的技术编辑Scott，他真是个“钓鱼能手”，他对细节非常关注，连代码部分最细小的录入错误都不放过。

特别要感谢Alan Cannistraro、Evan Doll、斯坦福大学以及苹果公司对我和其他iOS开发者的教导和鼓励，并感谢他们将其课程、讲座和学习资料免费在线提供。

感谢Cholick，他每天都为我不成熟的观念和疯狂想法出谋划策，并且持续了将近4年。

我很感激我的父母Dave Welch和Kelly Welch，以及我的兄弟们和他们的家人——Eric和他的妻子Gretchen，Danny和他的妻子Katie，还有Kyle，感谢他们提醒我在生活中要时刻保持谦虚和幽默的心态。

当然，感谢每一个使用我的App的人、我Twitter的粉丝、Facebook上的朋友们，以及在世界各地的NAPP成员。一个iOS设计者或开发者的成功来自于经验，他们对我的应用程序的反馈，给了我撰写本书的经验。谢谢他们。

Shawn Welch

序

在你的脑海中想象一个iPhone，很好，现在在此基础上开始想象任何其他智能手机。继续想象这部智能手机，直到你拥有一个对它非常清楚的印象。明白了吗？很好。

我猜测你想象的智能手机——不管是什么品牌或者什么制造商，它一定有一个触摸屏、一个内置的加速计、一排排玻璃质感的图标和它们后面的壁纸图片。我打赌，你用手指触碰屏幕去翻阅你的照片，对吧？不管它是不是iPhone，但它运作起来甚至看起来都像一个iPhone。

苹果公司推出的iPhone是如此经典，以至于现在几乎每一款新出的智能手机或者平板电脑都在对它们进行模仿。不过令人兴奋的是其他智能手机和平板电脑的厂家并没有真正抓住iPhone和iPad的精髓。

让iOS设备区别于其他智能手机和平板电脑的是它的应用程序。虽然其他智能手机和平板电脑现在也有为数众多的应用程序，但是它们的开发者和最终用户不像设计和使用iOS应用程序的人那样能得到丰厚的回报。

iPhone本身就是一个设计精美的艺术品，当然iPad也是，持有它们中的任何一个，你都会情不自禁地喜欢上它。而它的应用程序更是会让你深爱不已。每个人的iPhone或者iPad都会自带一些基本的应用程序，如日历、地图、天气、计算器等，一旦开始添加第三方应用程序，它就变成你自己的iPhone、iPad。它是非常个性化的，因为你的应用程序体现了你的生活、你的个性和你的喜好。应用程序改变着我们的生活方式、我们的企业运营方式，甚至包括我们的业余生活。想象一下，如果你创造的应用程序可以吸引人们去使用，甚至感动他们，让他们用一种前所未有的方式去创造、去沟通，那你该有多么强大啊。

好，你马上就会获得这种力量。

最棒的是，你将会从一名才华横溢、激情四射的天才程序员身上获取这种力量。他已经为我的公司设计、开发出了无数的应用程序，而且我听到最多的评论就是：“哇，你在哪里发现了这家伙！”

Shawn能以某种方式理解终端用户的需求，而任何平台上几乎从来没有开发者能做到这一点。他明白用户使用应用程序的方式，并且能从用户的角度来看问题，所以使用他的应用程序的人会有种宾至如归的感觉。他的应用程序是直观的、有趣的，就像苹果产品本身一样，Shawn知道如何使一个应用程序恰到好处。

在这本书里，Shawn将会向你介绍那些可以把想象变为现实的工具，如何设计那些人们想要使用并会口耳相传的应用程序。他解开了一个伟大的奥秘：什么才是卓越的应用程序，以及到底如何才能正确地构建出这样的应用程序。无论你是一个想把创意变成现实的设计师，还是一个想要学习强大设计力量的开发者，本出都将是为你打开那扇门的一本书，你要做的就是翻开它。

在这激动人心的新冒险中，我真心地祝大家好运，并且我也很高兴看到大家已挑选了这样一位伟大的向导。现在，就让我们来设计一些真正伟大的东西吧！

Scott Kelby

*The iPhone Book*一书的作者

目录

第一篇

入门

第1章

iOS入门

每个人对应用程序都有自己的想法。这是我对你的预言，因为当你读完这本书，并开始告诉别人你要为iPhone或者iPad开发应用程序时，这句话就会应验。在你完成任何你设计的功能前，都会听到有人说："我对应用程序有个想法。"

自然，作为一名应用程序开发人员或者设计人员，你可能选择遵循不成文的规则，有礼貌地倾听这些意见并作出反应："有趣，这是一个好主意！"与此同时，你的心里却开始思考这个想法无法实现的诸多原因，以及如果这样的应用程序已经存在了又如何，或者如果除了告诉你这个主意的人之外没有其他的潜在用户怎么办，再或者如果 iTunes App Store 拒不批准怎么办。

因此，尽管每个人都可能有一个关于应用程序的想法，但我们知道这不是故事的结局，不然你就不会读这本书。很少人知道如何把一个想法——可能是很不成熟的想法，设计成一个强大的移动设备的用户体验，从而最后把这个想法开发出一个五星级应用程序。想法容易得到，但是把想法变成用户喜欢的应用程序却很困难。

2010 年 9 月 9 日，苹果公司公布了 iTunesApp Store（应用程序商店）审评指南。其中的第 10 条大致如下：

> 苹果公司和我们的顾客很看重简单、精炼、有创意、经过深思熟虑的用户界面，它们要花费很多的工作但是很值得。苹果公司设置了一个很高的标准。如果你设计的用户界面复杂或不够好，那么它可能会被拒绝。

换句话说，苹果公司认为用户体验非常重要，任何在这方面有缺陷的 App 都可能会遭到拒绝。

我们为什么在这里

问题来了，如何为 iPhone 和 iPad 设计和开发卓越的应用程序？在我们回答这个问题之前，有个重要的事实需要知道，衡量应用程序是卓越还是平庸的标准是：用户体验。

用户体验包含用户界面（UI）、用户工作流程、动画、手势、插画以及应用程序传达给用户的整体感觉。设计最佳的用户体验需要领会的不仅是可用的用户界面元素和导航，还有改造这些元素和导航以便适应应用程序独特的需求。正如苹果公司在 iTunes App Store 审核指南中阐述的：iOS 应用程序用户期望丰富和沉浸式的体验。

你不能像在网页或者一些桌面应用程序那样用单个屏幕来设计 iOS 应用。iOS 应用程序用户期望丰富的动画、手势和工作流程。作为一个设计师，你需要了解如何将静态的屏幕截图和完整的用户需求传递给开发人员。通常，唯一的办法是使用开发者语言，或者至少知道主要因素是什么。

作为一名开发者，你知道 iOS 是一个功能强大的系统，它允许深入地定制标准的 UI 元素。掌握如何定制对象使其适应应用程序的独特风格，将有助于你的应用程序在众多的应用中脱颖而出。深谙什么是用户所期待的，以及哪些方面是可以进一步拓展的权衡能力，将有助于创建最佳的用户体验。

我写作本书的目的有两个。

第一，是针对想要学习 iOS 应用程序设计的设计师。虽然代码示例和技术交流超出了你的专业领域，我希望你读完本书后，具备评判一个 iOS 应用程序的能力，并且能够描述那些不同的 UI 元素、导航样式、动画以及手势。你应该能够坐在会议室与开发人员就如何把你设计的用户体验变成应用程序进行沟通。

第二，是针对想要学习 iOS 开发的开发人员，本书不是一本入门性的读物，而是对现有知识的增强。我假设你已经知道一些基本的知识，比如，如何使用 Objective-C 编程，以及至少了解面向对象编程思想。希望你读完本书后，能满意于你定制的和创建的自己的 UI 元素、动画以及手势——这是整合良好的设计和独特的元素到应用程序所必需的工具。

当然，如果有人读完本书后面带笑容，感到幸福，或者比拿起本书时心情更加愉快，那也不错。

iOS设备

有一件事是肯定的：总是会有新的 iPod 不断推出。过去的 10 年中都是这样的，我认为未来的数年时间将会持续。没有人可以质疑 iPod 对社会产生的影响。有趣的是，在近几年 iPod 在更具突破性的 iOS 系统上简直变成了一个特性，或者说一个应用软件。

当 iPhone 首次在 2007 年夏季推出时，苹果公司发布了一个新的操作系统（OS）叫做 iPhone OS。iPhone OS 是当时运行在手机上的最强大的操作系统。事实上，它基于与运行在苹果桌面电脑和笔记本电脑上的操作系统 Mac OS X 相同的内核架构。那么是什么使 iPhone OS 变得特殊呢，是新出现的 Cocoa Touch，一个允许用户使用多点触碰和加速计来操作设备的 UI 层。没有键盘，没有鼠标，光标、点击和打字操作迅速被轻扫、轻点和摇晃取代。

图1.1　iPhone和iPad上的iOS应用程序

快进到今天。iPhone OS 只是变得更加强大了。在 2010 年夏天，随着该平台的第 4 代版本推出，苹果公司把 iPhone OS 改名为了 iOS。苹果公司的基于触摸的产品线扩大到不只包含 iPhone，还有 iPod touch 和 iPad。这一变化也给苹果公司带来了机会，把 iOS 的功能，比如快速应用程序切换和 App Store 引入到更加传统的台式机和笔记本电脑之中。

表 1.1 列出了所有的 iOS 设备，以及截至 2010 年 12 月它们支持的最新的 iOS 版本。

表1.1　苹果公司的设备以及支持的最新的iOS版本

设备	iOS 3.1.x	iOS 3.2.x	iOS 4.1.x	iOS 4.2.x
第一代iPhone	是	不	不	不
iPhone 3G	是	不	是*	是*
iPhone 3GS	是	不	是*	是*
iPhone 4	是	不	是	是
iPod touch 一代	是*	不	不	不

续表

设备	iOS 3.1.x	iOS 3.2.x	iOS 4.1.x	iOS 4.2.x
iPod touch 二代	是	不	是*	是*
iPod touch 三代	是	不	是*	是*
iPod touch 四代	是	不	是	是
iPad	是	是	不	是

*表示支持该iOS版本但缺少一些特性，比如多任务、主屏幕背景图片等。

iOS开发工具和资源

设计和开发 iOS 应用程序的好处之一是，提供给你的工具和资源的质量和数量。苹果公司在开发工具方面做得很好，提供了专用于创建 iOS 应用程序的开发工具。此外，苹果公司为 iOS 软件开发工具包（SDK）和 iOS 应用程序编程接口（API）编写了大量的文档和参考资料。可以用来设计和开发 iOS 应用程序的 4 个主要工具如下：

- Xcode；
- Interface Builder；
- iOS Simulator；
- Instruments。

开发者注意事项

开始之前，先去developer.apple.com的iOS Dev Center注册为Apple developer。注册是免费的。根据Free Program，你可以下载最新的Xcode和iOS SDK，访问完整版本的iOS文档，以及在iOS模拟器运行你的应用程序。通过购买获得的iOS Developer Program（每年99美元），你就可以下载预发布的iOS软件，在你的设备上安装和测试你的应用程序，以及把你的应用程序提交到iTunes App Store。针对公司、企业和学生还有另外一些iOS Developer Program付费方式。

Xcode

Xcode是苹果公司的主要集成开发环境（IDE）。此应用程序用于创建在苹果设备上运行的应用程序。iOS应用程序的开发直接在Xcode中进行。你将使用Xcode来编写最终成为应用程序的代码。

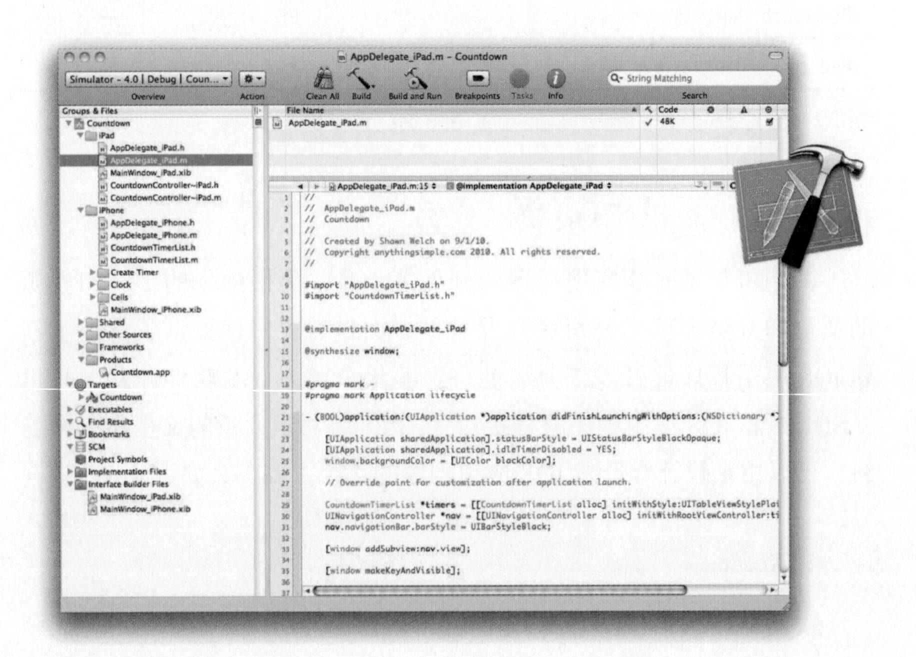

图1.2　Xcode应用程序

Interface Builder

Interface Builder实际上是Xcode的一个组件，是为苹果设备做开发的应用程序套件的一部分。在Xcode 3.1.x中，Interface Builder是一个单独的应用程序，然而，随着Xcode 4.0的推出，它已经直接内建到了Xcode中。Interface Builder提供了创建iOS应用程序UI的图形化用户接口。你可以把UI对象拖曳到画布上，并为这些UI组件创建与Xcode中代码的链接。

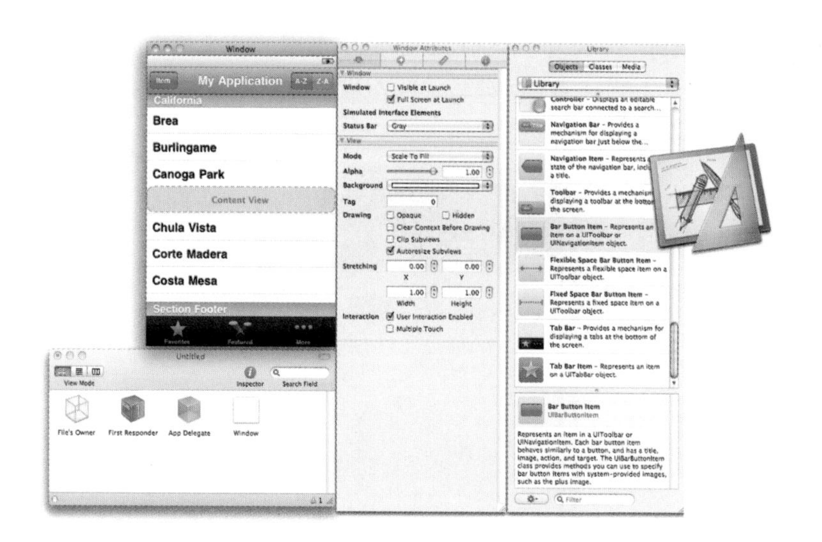

图1.3 Interface Builder应用程序

设计师注意事项

你可以从苹果公司的开发者网站或者fromideatoapp.com/download/xcode（本书的网站）下载Xcode和Interface Builder。虽然要把应用程序提交到iTunes App Store需要你注册iOS Developer Program（99美元），但是若只是下载iOS SDK和Xcode你只需要免费注册为Apple Developer。使用Interface Builder，你可以轻松地为iPhone、iPod touch和iPad创建和试验简单的UI布局。

iOS Simulator

iOS Simulator 将随 Xcode 一起安装，但是需要安装 iOS SDK 以便运行 iOS Simulator 本身以及在它上面运行用 Xcode 创建的应用程序。iOS Simulator 正如它的名字表达的意思：它可以让你在一个虚拟的 iPhone 或者 iPad 环境中测试使用 Xcode 创建的 iOS 应用程序，提供即时的反馈和测试数据。但是在 iOS Simulator 上运行应用程序时，模拟器将会访问你的台式机或者笔记本电脑的系统资源（处理器、内存、显卡等）。出于这个原因，在性能及相关问题方面，iOS Simulator 并不能替代实际设备。实际设备没有台式机电脑那么强大的功能和那么多的资源，所以在提交应用程序到 iTunes App Store 审核之前，在实际的 iOS 设备上测试它们是基本要求。在实际设备上测试通常会暴露一些在模拟器上不明显的 bug。

图1.4 iOS Simulator应用程序

小窍门

iOS Simulator 应用程序允许你模拟 iPhone 和 iPad。你可以通过在顶层菜单 Hardware>Device 进行选择，从而在这些模式之间切换。

图1.5 在iOS Simulator中改变设备

Instruments

每一个优良的应用程序都会做若干测试。每一个卓越的应用程序都会做性能测试。Instruments 是一个奇妙的应用程序，设计的目的只有一个：提供应用程序运行时实时的性能数据。使用 Instruments，能够实时跟踪应用程序分配的内存、处理器的负载、帧率以及更多的数据。针对 iOS 的新手，相当复杂的问题之一是如何掌握内存管理的最佳方法。在 iOS 应用程序开发中，创建和从内存中释放变量是开发人员的职责，如果开发人员没有这样做，应用程序要么崩溃，要么“泄漏”内存。内存泄漏会导致屏幕不稳定，以及给性能带来负面的影响。Instruments 可帮助你识别内存泄漏，告诉你何时何地发生了内存泄漏。

图1.6 Instruments 应用程序

快速提示：iOS开发策略

在我们深入 iOS UI、动画和手势背后的技术之前，掌握一些基础知识很重要。对于设计师而言，虽然不要求读完本书后能够编写代码，但是有一些标准的 iOS 开发策略，开发者或者必须在基于 iOS SDK 开发中遵循，或者应该作为最佳实践来遵循。作为设计师，了解这些因素对开发人员的影响，对于理解如何设计最佳用户体验是至关重要的。作为开发人员，快速温习一下最佳实践并没有害处。

模型—视图—控制器

当谈及编码原则时，模型—视图—控制器（MVC）是最基础的。其核心思想是，MVC 描述了应用程序的数据、用户界面和“大脑”的关系。通过设计，MVC 的三个组成部分都保持独立。在图 1.7 中，你可以看到模型—视图—控制器体系结构的基本关系。其中，黑线表示直接关联，而浅色线表示间接关联。

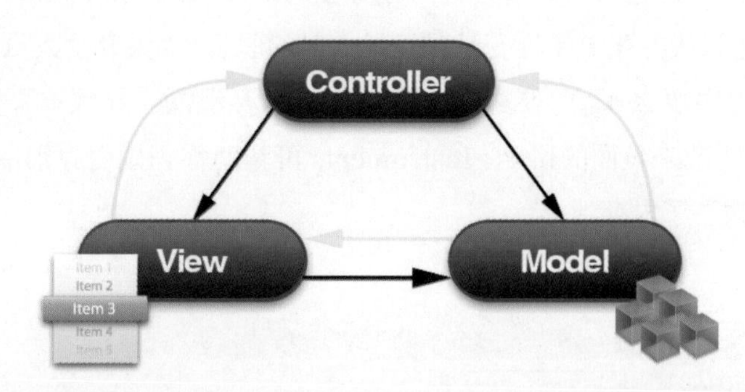

图1.7　模型—视图—控制器体系结构

模型—视图—控制器设计对于 iOS 应用程序尤其重要。为了有助于解释原因，让我们使用 iPhone 的地址簿应用程序作为例子。

模型

MVC 中的模型是应用程序存储数据的地方。对于地址簿来说，数据是所有的联系人。该模型知道地址簿里每个人的所有数据，但是它没有办法把数据呈现给用户看。

因为地址簿的模型是与视图和控制器分开的，作为开发人员，你可以在自己的应用程序中访问用户地址簿联系信息，并且用于不同的用途。你可以重新设计联系信息呈现给用户的方式，或者重新设计你的应用程序与数据的交互方式。同样，当设计自己的应用程序时，把模型与视图和控制器分开的设计能让升级、修正 bug 和重用代码更加轻松和快速。

视图

MVC 中的视图通常是用户界面：即用户所看到的，包括使用应用程序所需要的选项。在某些情况下，视图可以直接和模型对话，但是通常是通过控制器来和模型产生交互，控制器决定了一个行为该做什么。在通讯簿的例子中，视图是你在设备屏幕上看到的联系人名单。当你在视图中选择一个联系人时，这个行为会发送到控制器。然后控制器从模型中取得必要的联系信息，再把这些信息往回传递给视图，视图最终显示给用户。

控制器

控制器是应用程序的大脑。控制器通常决定了应用程序的导航风格和工作流程。模型存储数据，视图呈现数据，而控制器决定了如何存储和存储什么么样的数据，以及如何呈现和呈现什么样的数据。

让我们再来看通讯簿的例子，但是这次来搜索一个联系人。我们在视图的搜索框里轻敲，开始执行搜索，视图告知控制器"我在搜索联系人 XYZ"控制器接受这个搜索请求，然后决定如何以最优的方式从模型那里获取所需的信息。一旦控制器从模型那里获得所需的信息，它就传回给视图，最后视图把信息呈现给用户。

值得注意的是，MVC 架构内部是循环的。信息和行为在组件之间自由流动，但是需要良好地建立每个组件，以便这些核心任务能独立。

获取代码

从 fromideatoapp.com/downloads/ch1#mvc 下载演示模型—视图—控制器的演示程序，然后自己试一试。

子类

子类化是 iOS 开发的另一个核心原则，并且是面向对象编程的基本概念。子类化是基于继承的，这意味着子类继承超类或者父类的属性。这听起来非常技术化和混乱，但它实际上并不是。让我们来看一个子类化的例子，它与编程没有任何关系。

想象一下你要买一辆新车。当你走进一家经销商，第一眼就看到一辆普通的四门轿车。销售员告诉你，这辆汽车配备了基本的功能，它有红色、蓝色或银色可以选择。这款车听起来挺划算的，但你告诉销售员你想要的是黑色，并且需要配备内置卫星无线电导航系统，这时优秀的销售员一般都会把你领到下一辆车跟前：SE 车型，价格较高，但是它是黑色的，并且除了最基本的配置之外，还有一个内置卫星无线电导航系统。

这个例子中，你可以认为 SE 车型是标准车型的一个子类。

当一个东西是子类时，意味着在默认情况下，子类包含父类所有的属性和功能。但是，子类可以在超类基础上重写或者添加新的属性（不改变超类的功能）。在我们的汽车比喻中，默认情况下，SE 车型拥有标准款车型所提供的一切。但除了这些功能之外，你可以改变汽车的颜色为黑色，并添加新的属性，例如内置卫星无线电导航系统。

你将会发现，iOS 在整个 SDK 中使用的标准用户界面元素和控制器原理和前面一样。通常情况下，你可以利用这些标准元素，继承它们从而改造它们，使其符合你的独特需求。我们将在第二篇中更加详细地探讨子类化。

内存管理

正如前面我们在讨论 Instruments 时提到的，开发人员负责创建和释放内存变量。这对开发新手来说很棘手，那么我们所说的"创建"和"释放"变量到底是什么意思呢？当你创建一个变量时，你的应用程序会分配少量的内存来存储该变量的值。当你用完了一个变量时，该内存空间需要被释放（用于以后再次被新的变量使用）。如果一个变量使用的内存块没有释放，它会导致内存泄漏，这意味着有一个不被任何代码使用或引用的变量占用着内存空间。当内存泄漏得越来越多时，你的应用程序变得不稳定并且响应速度慢。这是因为移动设备上的宝贵资源——内存正在被永远不再使用的变量浪费着。

iOS 应用程序是使用 Objective-C 编程语言来编写的，这种语言使用保留—释放方法来管理内存。所用的概念很简单：每个变量有一个保留计数，这个保留计数由对变量的引用的数量决定。当一个变量的保留计数为 0 时，iOS 就会在某个时间自动把它从内存中释放。

因此，与其我们自己试图从内存中删除一个变量，还不如当我们用完变量后通过 release 方法减少其保留计数，如果保留计数是 0，iOS 就会自动删除这个变量。请看下面的代码块：

```
1  UIViewController *myVariable = [[UIViewController alloc]
         initWithNibName:nil bundle:nil];
2  myVariable.title = @"My Application";
3  [self.navigationController
       pushViewController:myVariable animated:YES];
4  [myVariable release];
```

第 1 行中，我们在内存里创建了一个名为 myVariable 的变量。一旦创建完成，myVariable 的保留计数就是 1。第 2 行设置了 myVariable 的 title 属性。设置变量的 title 或操纵其他属性不会影响保留计数，所以在第 2 行的末尾，myVariable 保留计数仍然是 1。然而，在第 3 行，我们把一个控制器压入到一个导航控制器。当我们把 myVariable 压入到一个导航控制器栈中，导航控制器栈要确保当需要变量时变量必须存在，因此它会递增保留计数。

第 3 行后，myVariable 的保留计数是 2。因为我们不再需要这个变量，并把维护变量的责任移交给导航控制器（它递增了保留计数），在第 4 行我们在 myVariable 上调用了release 方法，这会递减保留计数。所以，在第 4 行后，myVariable 的保留计数是 1。

当导航控制器不再需要引用 myVariable 时，它会自动为 myVarible 调用 release 方法。由于 myVariable 保留计数是 1，当导航控制器调用 release 方法时，结果是保留计数变成 0，然后变量自动从内存中释放（删除）。如果没有在第 4 行调用 release 方法，将导致产生一个内存泄漏，因为 myVariable 的保留计数永远不会变成 0。

此外，如果在我们的代码块中调用两次 release 方法，将导致保留计数变成 0，然而导航控制器仍然可以访问这个变量，当导航控制器下一次试图引用 myVariable 变量（现在已经不存在了）时，应用程序将会崩溃。

注意事项

苹果公司为iOS应用程序内存管理提供了丰富的文档和培训教程。你可以在 fromideatoapp.com/reference#memory 上访问这些文档，或者从苹果公司的开发者网站免费下载。

指导原则

几年前当我开始开发 iPhone 应用程序时，我注意到的第一件事情是缺乏分工：对于大多数应用程序而言，设计师就是开发人员。当然，在一些情况下，公司为大型的应用程序项目配备了分工细致的开发团队。但是，在大多数情况下，缺少专职的设计师。

这令我非常吃惊。我知道许多天才有能力设计惊人的应用程序，但是他们正在踌躇不前。我开始意识到，他们的犹豫不是因为缺乏激情，而是缺乏如何开始的知识。由于 iOS 开发的封闭特性，它不像网页应用程序，设计师缺乏开发 iPhone 应用程序的基本知识，以及可以利用的开发组件。

对于 iOS，苹果公司编写了一个文档叫做人机界面指南（Human Interface Guidelines）。这些指南概括了 iOS 应用程序设计的一些预期行为和最佳实践。苹果公司把下面的核心原则作为开发和设计五星级应用程序的关键：

- 美观完整性；
- 一致性；
- 直接操纵；

- 反馈；
- 比喻；
- 用户控制权。

美观完整性

作为经验丰富的设计师和开发人员，当谈到 iOS 的设计原则时，我个人最喜欢美观的完整性。引用苹果公司的人机接口指南：

> 美观的完整性不是一个应用程序如何漂亮的度量，而是应用程序的外观和功能结合得如何恰到好处的度量。

每一个应用程序都至少应该有一些个性的插图，但不能以牺牲用户体验为代价。例如，如果你的应用程序正在尝试呈现有价值的信息给用户，这时如果用一些不是必需的插图或动画来分散用户的注意力，这可不是一个好主意。当谈到创建良好的用户体验时，简洁而有效比可有可无的华丽更能赢得用户的好感。

一致性

你的应用程序不是用户使用的第一个 iOS 应用程序。自然，苹果公司鼓励在应用程序之间保持一致性，并且定义了一组通用的风格和相应的行为。在本书中，我们将讨论一些影响一致性行为的方法，以便达到最佳用户体验。一般来说，遵循一致性的 iOS 应用程序会让用户能基于以前使用其他 iOS 应用程序的经验，直观和迅速地理解你的应用程序的用户界面。

直接操纵

直接操纵意味着，用户不需要界面按钮或控件来操纵屏幕上的对象。用户可以使用多点触控手势来缩放照片，或轻扫手势来从电子邮件列表中删除一封电子邮件。iOS 鼓励设计师和开发人员把对象或者数据视为用户可以移动、删除、编辑或者管理的“东西”。

反馈

当用户在iOS中执行了某个操作时，他们希望一些有形的反馈来表明他们的行为。比较明显的例子是风火轮（spinner）或者进度条，告诉用户iOS正在做某件事情。当屏幕要变化时，反馈也很重要。动画通常用来向用户展示变化。例如，这样一个iPhone的手机应用程序：当用户在最近来电和未接来电列表之间切换时，不是突然改变这个列表，而是iOS使用动画来过渡这个列表，并根据需要删除或插入行。

比喻

我们将在全书使用一些比喻，当我们创建一个管理数据或者执行一个任务的应用程序时，使用比喻会很有意义。英语专业学生使用比喻描述两个相似的观念。而计算机程序使用比喻来以用户可以理解的方式描述虚拟对象或者任务。在计算机上，文件统一放入文件夹中，照片统一整理到相册中。一些比较常见的iOS比喻包括卡片式滑动导航、on/off开关、风火轮，以及可以从范围中做选择的“选择器”。

用户控制权

用户希望能完全控制应用程序。你的应用程序不应该没有提示用户就开始执行一个任务或者功能，并且不让他们可以选择取消这个任务或者功能。如果你的程序定期检查更新，但是对其功能不是至关重要，应该允许用户关闭此功能。如果你的应用程序产生时间表的事件，操纵用户的联系人，或改变任何设备上的本地信息，不应该不事先询问用户的意见。最后，你应该创建用户有最终控制权的应用程序——愿上帝帮助我们，如果iOS应用程序是天网（iSkynet）的话。

（译者注：在《终结者》系列电影中，天网是一个人类于20世纪后期创造的以计算机为基础的人工智能防御系统，最初是研究用于军事的发展。）

第2章

构成iOS应用程序的要素

在开始设计或编写任何代码之前，先来了解一下iOS应用程序的构成要素很重要。本章提供了一些iOS环境和iOS应用程序结构的背景信息，包括文件类型、可执行文件和资源。对于iOS开发新手而言，你会发现本章是一个非常有用的参考，介绍了整个iOS开发周期和本书中经常提到的通用文件、资源和设置。

本章还提供了 iOS 应用程序运行环境利与弊的深入见解，也就是你的应用程序在设备上运行时，哪些资源可以访问哪些则不能访问。此外，我们还会简要讨论用于 iOS 应用程序的主要配置文件和一些常用的设置。最后，苹果公司基于应用程序的使用目的设置了分类，我们以讨论应用程序的不同种类作为本章的总结。请记住，对于 iOS 开发新手而言，我们的目标是让你能够有效地将设计好的用户体验传达给开发人员。学习应用程序使用了什么文件将有助于夯实基础。

iOS：整体框架

iOS是iPod touch、iPhone和iPad的操作系统。这些设备的应用程序只能从iTunes App Store下载。如果你正在读本书，可能已经知道这其中蕴含的商机了。

iOS最初叫做iPhone OS，于2007年6月问世，史蒂夫·乔布斯评价它与苹果台式机和笔记本电脑的操作系统Mac OS X相似（如图2.1所示）。它们核心架构的相似性至今依然存在，这也是iOS是如此强大的移动平台的原因。

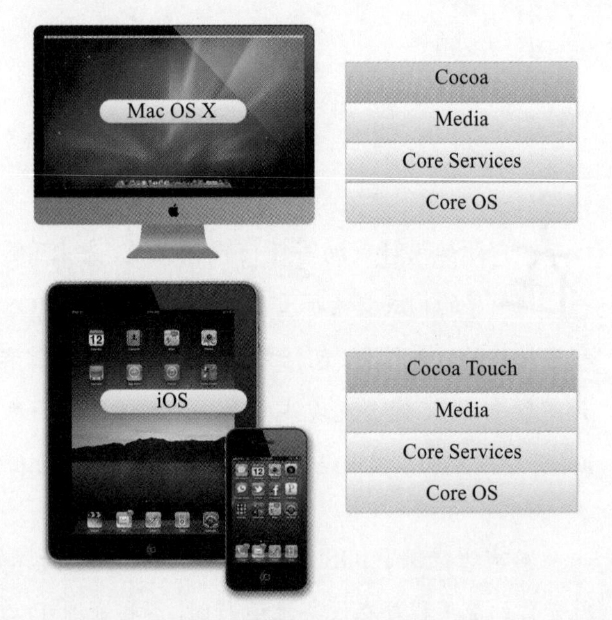

图2.1　Mac OS X和iOS有着相似的核心架构

但是，这两个环境中的应用程序有着重要的差异，设计师和开发人员必须要考虑到。

iOS和Mac OS X之间的差异

移动应用程序是专门设计为零碎时间使用的，这意味着用户通常会打开一个应用然后又很快地退出。想象一下你是乘公交车或者地铁去上班的，路上只有一小段时间，你可以掏出iPhone，检查电子邮件，开始阅读一本书，然后又转为玩一个游戏。这并不是说iOS应用程序是为注意力不够持久的人们设计的——恰恰相反。移动应用程序应该是丰富和有趣的，但是因为用户同时只能和一个 iOS 应用交互，所以让人们能够很快地启动和退出应用也变得非常重要。

不同于桌面应用程序，iOS 上的移动应用程序只能受限地访问系统资源。iOS 应用程序之间不能产生交互。这通常被称为应用程序沙箱。

应用程序沙箱

应用程序沙箱是根植于 iOS 的一组安全措施，为了防止恶意的应用程序。这些安全措施阻止应用程序访问它自己的文件夹之外的文件。每个应用程序都安装在各自的文件夹（沙盒）里，并且只允许修改此文件夹下的文件和数据。不过访问沙箱外部的系统数据（例如通讯录或者日历）的 API 是存在的。

当安装了一个程序时，iOS 会在 /ApplicationRoot/ApplicationID 中创建应用程序的主目录，其中 ApplicationRoot 是设备本地的应用程序目录，ApplicationID 对 iTunes App Store 中的每个应用程序都是唯一的。

你的应用程序只能在它的主目录内创建或者管理文件。表 2.1 列出了应用程序的主目录中包含的文件夹。

表2.1 iOS应用程序的主目录内由系统创建的文件夹

目录	描述
/AppName.app	iOS的应用程序包。此文件夹包含了在Xcode中创建的实际的文件和资源。此文件夹下面的内容无法修改。如果一个应用程序在Xcode中创建，经过开发者签名，通过iTunes发布，就可以在设备上安装
/Documents*	存储应用程序数据或者用户文件。如果你的应用程序需要编辑和修改一个文件，你应该在应用程序第一次启动时，从应用程序包复制该文件到Documents文件夹。开发人员也可以通过iTunes标记这个目录为可读，让用户能够访问由你的应用程序创建的文件（例如录制的音频或者视频）
/Library*	包含子文件夹 /Library/Preferences 和/Library/Caches，用来存储与用户无关的应用程序数据
/tmp	存储应用程序退出时会删除的临时文件。你可以在保存到/Documents永久存储文件之前，先在tmp文件夹下暂存临时文件或者中间文件

*开发人员可以在这些文件夹下创建子文件夹。

当用户备份 iOS 设备时，iTunes 将仅备份应用程序主目录下面的这些文件夹（如果还原设备，存储在下面这些文件夹以外的任何数据都将会丢失）：

- /Documents；
- /Library；
- /Library/Preferences；
- 创建的所有自定义子目录。

设计师注意事项

要意识到应用程序对用户工作流程的影响。因为iOS应用程序是互相隔离的，你的应用程序不能和安装在同一台设备上的其他应用程序直接交互。如果必要，你可以启动Safari、地图应用、YouTube和电话应用，或者你的应用程序可以注册一个自定义的URL模式，以便其他应用程序可以启动它。然而，应用程序只能启动其他的应用程序并可以传递初始的参数，但是不能和其他应用程序的数据进行交互。

多任务

iOS 和 Mac OS X 之间另一个很大的区别是应用程序在后台运行的能力，即所谓的多任务。在 iOS 4.0 以前，当用户按下设备的主屏幕按钮，应用程序就退出了。不过在较新的 iOS 版本中，应用程序不会退出，而是在内存中挂起，iOS 可以迅速地从一个应用程序切换到另外一个，这个过程称为快速应用程序切换。

注意事项

多任务只在较新的硬件中得到支持，例如 iPad、第四代 iPod touch 和 iPhone 4。不支持多任务的设备在主页按钮按下时将简单地退出程序。

当一个应用程序被挂起时，该应用程序的所有处理都将停止。这意味着，默认情况下，如果你的程序正在执行动画、播放音频或下载一个文件时被挂起，那么一切处理都将暂停。

不过，在某些情况下，应用程序挂起时，iOS 也允许某些特殊的操作可以得到处理。这些操作包括：

- 播放音频；
- 定位；
- IP语音通信；
- 任务完成（完成一个巨型文件的下载或者处理）；
- 地点通知（当你的程序没在运行时显示通知）。

开发者注意事项

虽然在这本书中没有直接涉及多任务技术，但是它确实是创建拥有丰富体验的iOS应用程序的强有力的工具。访问fromideatoapp.com/reference#multitasking，可以得到一些解释如何将多任务整合进你的应用程序的例子。总之，因为iOS会停止你的应用程序的所有处理，所以你要记得恢复应用程序暂停时所有的动画和音频。

文件类型

开发 iOS 应用程序的过程中，你会碰到几种常见的文件类型（参见表 2.2 列出的清单）。在 iOS 应用程序的开发生命周期中，这些文件有不同的作用。

表2.2 常见的iOS文件类型

文件类型	描述
头文件（.h）	声明类的属性和方法
方法文件（.m）	实现类的方法或者函数。该文件也叫做消息（Messages）文件
Interface Builder档案（.xib）	使用图形用户界面（GUI）创作工具Interface Builder设计的用户界面布局文件。通常称为nib文件
iOS库文件（.framework）	提供对iOS各种功能的访问。例如，为了利用地理定位服务，开发人员必须在项目中包括CoreLocation.framework库。该文件也称为框架

续表

文件类型	描述
属性列表文件（.plist）	用来存储各种各样的数据，例如用户的偏好、应用程序信息、文本、字典、数组，甚至是图形或者自定义对象的原始数据
应用程序包（.app）	这是你的应用程序。当你在Xcode完成应用程序，并构建项目时，Xcode把所有的资源和文件编译到应用程序包里，然后就可以在iOS上安装和运行这个应用程序包

应用程序资源

开发一个 iOS 应用时，主要是在 .m 和 .h 文件里编写可执行代码。但是，除了可执行代码，每个应用程序包里都有一个单独的资源子文件夹。资源提供给你的应用程序的文件，这些文件不是可执行代码（例如，图片或音频）。作为一个设计师，你将主要创建应用程序要使用的资源。

视频、音频和图片资源

iOS 中很多视频、音频和图片格式都可作为应用程序资源。为了在你的应用程序中包含一个资源，只需将资源从 Finder 拖曳到 Xcode 左侧的 Resources 文件夹。

图2.2　添加资源

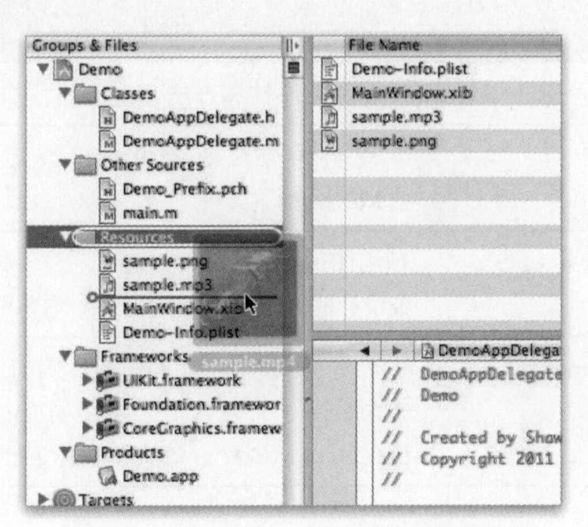

iOS 支持的常见的音频文件类型包括 MP3、AAC 和 WAV，支持的常见的视频文件类型包括 H.264 压缩的 M4V、MP4 和 MOV 电影。

小窍门

访问 fromideatoApp.com/reference#supported-media 可获得所支持的音频、视频和图片类型的完整列表。

Nib文件

Interface Builder 文件，即 nib 文件，也都包含在应用程序资源中。如第 1 章提到的，Interface Builder 提供了图形用户界面（GUI）环境，你可以使用它创建用户界面。从本质上讲，Interface Builder 允许你拖曳 UI 元素到画布上的，然后把这个 UI 设计保存为一个 nib（.xib）文件，它可以被 iOS 作为应用程序的资源加载。

本地化文件

在 iTunes App Store 发布你的 iOS 应用程序时，你可以选择发布全球版本——这是 iTunes App Store 给我们的主要好处之一。但是，因为是全球发行，在应用程序中使用本地化字符串是一个好的主意。字符串是一行文字，例如欢迎信息，或者是首选项里的一个功能的描述。每个 iOS 设备定义了它的本地语言设置。本地化文件使得你可以为每种语言设置创建不同的字符串。

例如，如果你的应用程序界面里有一个设置按钮，当用户把英语作为设备语言时，使用本地化应该确保按钮的文本是 Settings，但当用户把日语作为设备语言时，则是セッティング。

图2.3　本地化的例子

信息属性列表

每一个应用程序都有信息属性列表（info.plist），当你新建一个新项目时由 Xcode 自动创建这个文件。这个列表为你的应用程序定义了全局设置，包括应用程序标识、硬件要求、应用程序图标文件名、启动图像以及启动条件。你可以通过在 Xcode 里选择这个文件，来修改这些设置或者添加新的设置。表 2.3 列出了常见的受信息属性列表管控的设置。

表2.3　info plist 控制的常见设置

文件类型	描述
Icon file和Icon files	指定使用资源包中的哪个图像文件作为应用程序的图标。使用Icon Files，可以指定不只一个文件而是几个文件，以便不同的硬件设备使用不同的图标。我们将在第7章中进一步讨论这个内容
图标已经包含了高光效果	iOS为应用程序图标自动添加圆角效果和高光效果。此设置允许你关闭在设置和通讯录应用程序时所看到的图标的高光效果（iOS将仍然添加圆角效果）
启动图像（iPhone或者iPad）	指定使用资源包中的哪个图像文件作为应用程序的启动图像。我们将在第7章中进一步讨论这个内容
初始界面方向	指定你的应用程序启动时界面使用哪个方向。如果你在制作一个只有横屏方向的游戏，此设置就很有用了
需要的后台模式	允许你限制你的应用程序只能运行在支持后台处理的设备上，例如iPhone 4、iPad和第4代iPod touch
需要的设备功能	允许你限制你的应用程序运行在有指定硬件的设备上，比如Wi-Fi、GPS、前置摄像头、视频录制功能等
URL类型	注册自定义的URL方案，以便其他应用程序启动你的应用程序

应用程序类型

当开发一个 iOS 应用程序时，你不需要通过信息属性列表或者代码来指定应用的类型。在 iOS 的人机界面指南中，苹果公司根据应用程序最常见的用途把它们分为三类。考虑到用户可能会花多一些时间在某些类型的应用程序，而其他类型的应用程序则会花少一些时间。作为设计师，需要慎重考虑人们如何使用你的应用程序，以及应用程序归到哪一类更合适。

实用工具

实用工具应用程序是为特定的用途或者功能设计的。考虑 iPhone 上天气和股市应用与 Mail 和通讯录应用之间的区别。天气和股市应用让你能立马看到你想要查找的信息，并提供了一些可以操作显示的视图的设置。这些都是实用工具应用的例子。

图2.4 实用工具应用类型：例子

导航类

导航类应用程序是用来向用户呈现有层次结构的信息。这是比较常见的应用程序类型之一，其特点是进入下一层内容或者滑动导航。当设计一个导航类型的应用程序时，设计屏幕内容和导航工作流程是非常重要的。要牢记用户如何从一个数据跳转到下一个数据，并且不仅要考虑当前屏幕的用户界面，还要考虑当前屏幕的用户界面和后面的用户界面的关联。

图2.5　导航应用程序类型：例子

全屏

沉浸感的游戏或其他应用程序通常采用全屏风格。使用全屏的应用程序时，状态栏（指示时间、电池电量等）隐藏了，而应用程序占据了整个屏幕。用户通常会花更多的时间在提供了沉浸感体验的应用程序上。

图2.6　全屏幕应用程序类型：例子

iOS应用程序蓝本

入门和“Hello, World!”

这是本书中 5 个蓝图中的第一个。蓝图都位于每一篇的末尾，它将帮助你使用前面章节学到的知识和思路逐步构建一个 iOS 应用程序。本章有很重的代码编号工作，并且假设你有一些 Objective-C 语言和其他编程语言的基础。你可以访问 fromideatoapp.com/downloads/blueprints 下载完整的项目文件。

创建一个Xcode项目

先从苹果公司的开发网站下载和安装 iOS SDK（参考第 1 章的“iOS 开发工具和资源”一节），然后启动 Xcode（它默认安装在 /Developer/Applications）。

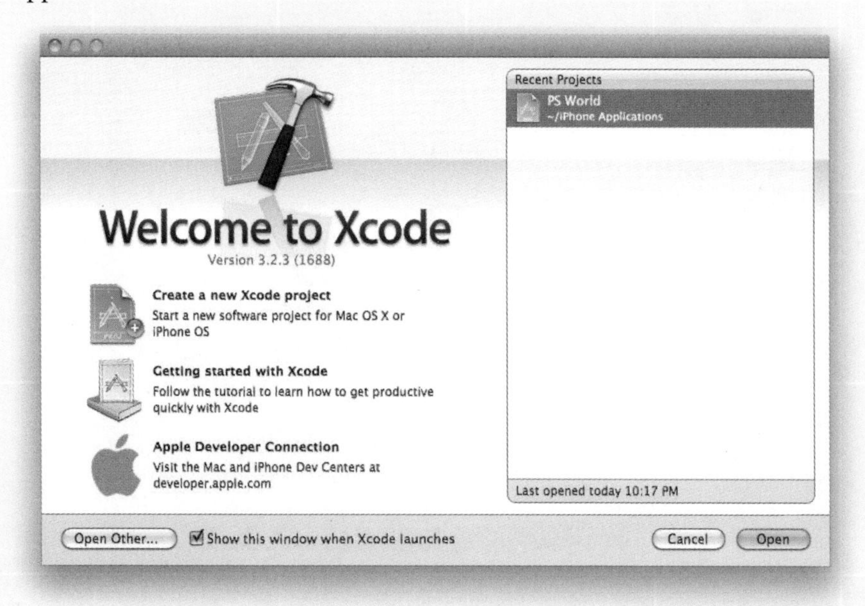

第一次打开 Xcode 时，你应该能看到一个简单的欢迎界面。为了新建一个项目，在此时的欢迎界面中选择“Create New Xcode Project”按钮或者是在主菜单中选择 File > New Project。

选择你的Xcode项目的类型

Xcode 提供了多种项目类型，让创建 iOS 应用程序非常容易。每种类型的项目都会自动生成一些代码。可以选择的类型如下。

- 基于导航的，类似于iPhone的Mail应用程序。
- OpenGL ES，通常用来创建3D游戏。
- 基于视图分割，只在iPad应用程序中可以用，类似于iPad的Mail应用程序或者设置应用程序。
- 工具条，类似于iPhone的iPod应用程序，底部是黑色的工具栏。
- 实用工具，类似于iPhone的天气应用程序。
- 基于视图，标准的基于视图的应用程序。
- 基于窗口，标准的基于窗口的应用程序，只会产生很少的代码。

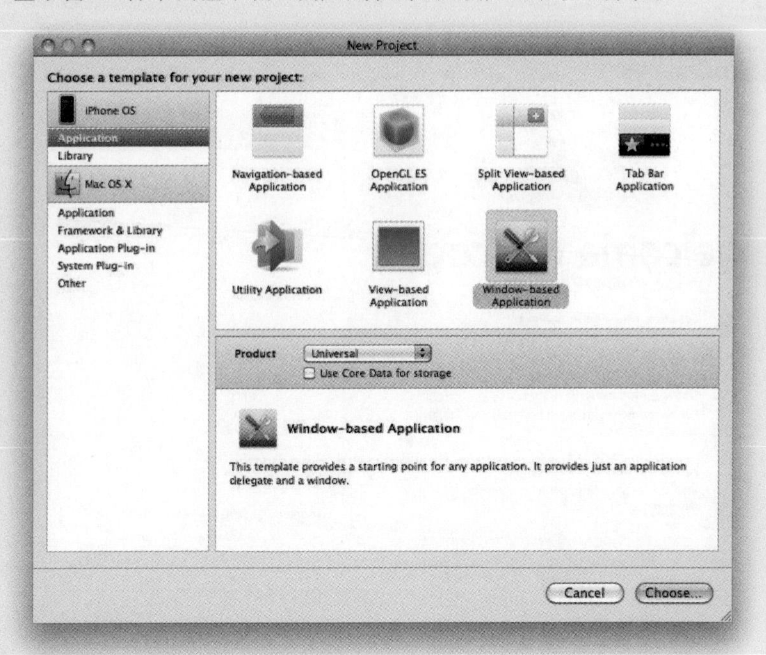

你还可以选择产品的类型有：iPhone、iPad 或者 Universal。当你选择 Universal 时，Xcode 会为 iPhone 和 iPad 产生必要的代码，以便创建统一的接口，不过在 iTunes App Store 里只会列出一个应用程序。

创建和运行你的第一个Xcode项目

针对这个应用程序的目的，项目类型选择基于窗口的，产品类型选择 Universal。之后 Xcode 会询问你把项目保存在哪里。选择一个目录保存它，并把项目命名为 HelloWorld。

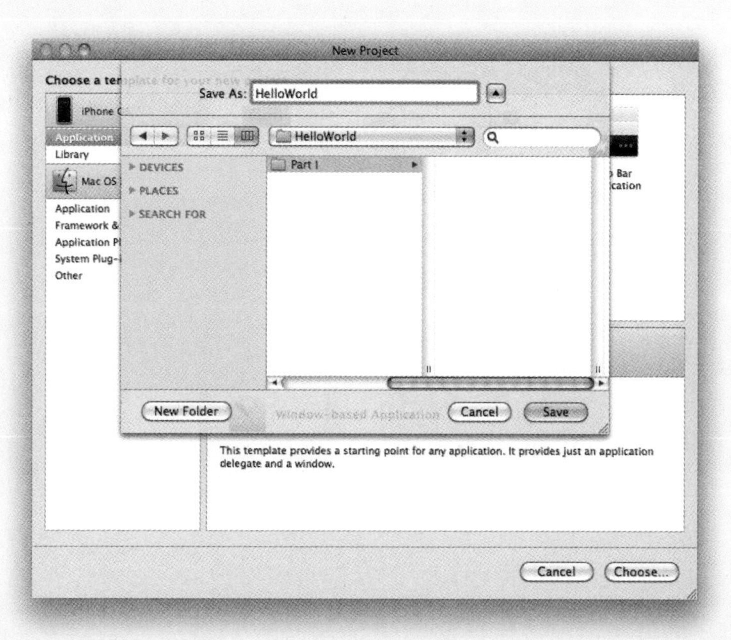

保存之后，Xcode 创建了项目，并且生成了必要的代码。你可以点击主工具栏的 Build and Run 按钮来启动该应用程序。这将会编译该 Xcode 项目，并且在 iPhone Simulator 中启动 HelloWorld 应用程序。

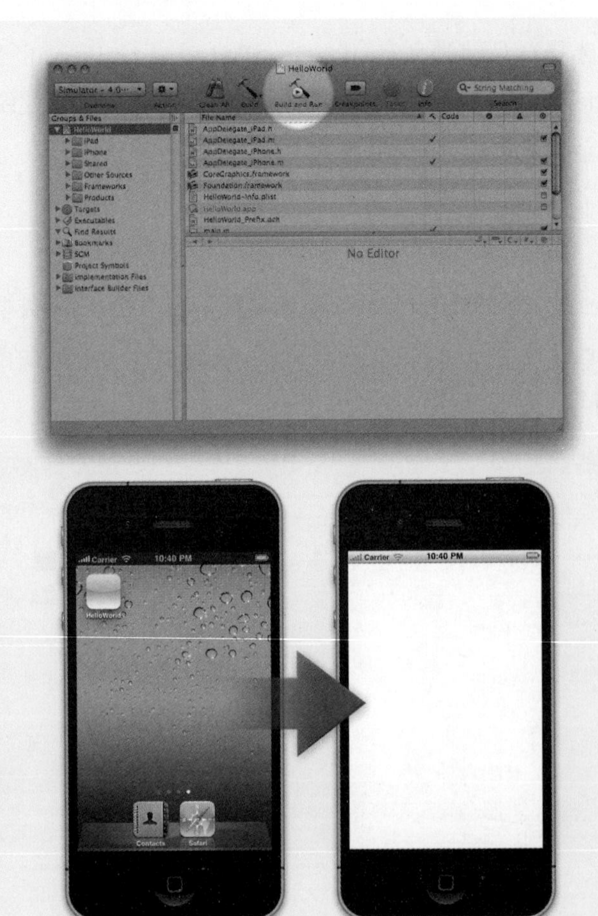

修改“Hello, World!”

一旦你的应用程序启动起来，iOS 就会调用 AppDelegate.m 文件中的函数 application:didFinishLaunchingWithOptions:。我们将在这个函数中开始试着添加代码。

小窍门

请注意 Xcode 在左边的 Group&Files 栏里会为 iPad 和 iPhone 分别生成文件夹，每个文件夹里都有 AppDelegate.m 文件。因为我们选择了 Universal 应用程序，iOS 根据不同的硬件设备调用相应的 AppDelegate。

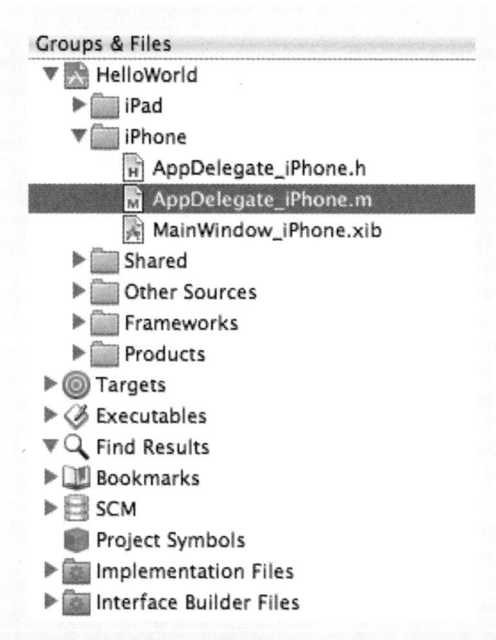

让我们着手修改位于 *AppDelegate_iPhone.m* 文件里的下列代码。

```
1  #pragma mark -
2  #pragma mark Application lifecycle
3
4  - (BOOL)application:(UIApplication*)application
5  didFinishLaunchingWithOptions:(NSDictionary*)launchOptions {
6
7  // Override point for customization after application launch.
8  [window makeKeyAndVisible];
9
10 return YES;
11 }
```

因为我们要从最基本的基于窗口的项目开始创建“Hello, World!”，而 Xcode 不会为我们产生所有的代码。现有的代码中很关键的是第 8 行的代码 [window makeKeyAndVisible]，它告诉 iOS 显示主窗口。你应该把所有的修改都放在这一行之前完成。

把下面的代码添加到 AppDelegate_iPhone.m 的第 7 行，[window makeKey-AndVisible] 之前。

```
1  UIViewController *myViewController = [[UIViewController alloc]
                                            initWithNibName:nil
                                              bundle:nil];

2  UILabel *myLabel = [[UILabel alloc] initWithFrame:CGRectZero];
3  myLabel.text = @"Hello, World!";
4  [myLabel sizeToFit];
5  [myViewController.view addSubview:myLabel];
6  [window addSubview:myViewController.view];
```

这个代码块做了如下的事情。

(1) 创建了一个视图控制器，可以添加到主窗口上。这个试图控制器还是文本标签的容器。

(2) 创建了一个文本标签，高和宽都设为 0，位置设置在原点(0，0)。

(3) 把标签的文本设置为“Hello, World!”。

(4) 把标签的宽和高自动扩展为文本的高和宽。

(5) 把文本标签添加到视图控制器的视图中。

(6) 把视图控制器的视图添加到主窗口。

最终的代码应该如下所示：

```
1  #pragma mark -
2  #pragma mark Application lifecycle
3
4  - (BOOL)application:(UIApplication*)application
5      didFinishLaunchingWithOptions:(NSDictionary*)launchOptions {
6
7  // Override point for customization after application launch.
8     UIViewController *myViewController = [[UIViewController alloc]
                                            initWithNibName:nil
                                                 bundle:nil];
9  UILabel *myLabel = [[UILabel alloc] initWithFrame:CGRectZero];
10 myLabel.text = @"Hello, World!";
11 [myLabel sizeToFit];
```

```
12        [myViewController.view addSubview:myLabel];
13        [window addSubview:myViewController.view];
14
15        [window makeKeyAndVisible];
16
17        return YES;
18  }
```

现在你可以再点击 Build and Run 按钮。这次你应该会在 iPhoneSimulator 里看到文本“Hello, World!”。

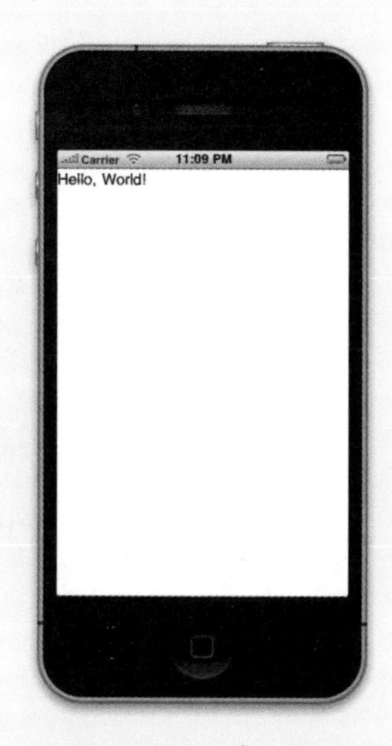

总结

就是这样简单！恭喜你，你刚刚已经建立和编译了你的第一个 iOS 应用程序。在后面的章节中，我们将以这个项目为基础，随着本书的进展，持续在它上面添加新的功能。稍后如果你感觉自己迷失了，尽管回过头来看看这里，确保没有遗漏什么步骤。

获取代码

请访问fromideatoapp.com/downloads/blueprints 下载“Hello,World!”以及所有的项目文件。

第二篇

第3章

物理硬件

设计和开发应用程序——特别是针对移动设备的应用程序——要考虑的最重要方面是用户体验（UX）。用户体验不只是涉及用户界面的设计，它涵盖了从工作流程到输入设备的方方面面。iOS应用程序的用户体验从物理硬件开始入手。

iOS 平台是专门为基于触碰、使用最少的物理按钮和开关的移动设备设计的。设备通常能以任何方向握持。作为设计师，你需要在早期决定物理设备如何影响整体的用户体验。作为开发者，你需要了解硬件设备的改变如何影响你的应用程序，以及如何检测这些变化，以便为用户提供最佳用户体验。

物理输入设备

用户和应用程序进行交互的物理装置叫做人机接口设备（HID）。这些设备包括从用户接收输入和向用户输出。iOS 的 HID 是极简主义方法的设计。

设计师和开发者应该知晓图 3.1 中 iPhone 和 iPad 的 HID。需要注意的是，iOS 设备可能包含这些中的全部或者一部分。

图3.1 iPhone人机接口设备

注意

此列表只包括了 HID 中最直接影响 UI 设计和开发的那一部分。此外，每一代的设备略有不同的功能集合，最终可能全部或者部分包含上述的控制装置。请访问 fromideatoapp.com/reference#iOSDevices，查阅设备和功能的完整列表。

1 电源/锁屏按钮

2 耳机插孔

3 静音开关（iOS 4.2及以上）
方向锁（iOS 3.2）

4 音量开关

5 多点触控显示屏

6 重力加速计/陀螺仪（内部）

7 主按钮

8 外放喇叭/听筒

图3.2 iPad人机接口设备

多点触控显示屏

多点触控显示屏几乎是 iOS 设备的全部。较小的显示屏能检测同时 5 个触控，而对于较大的显示屏（如 iPad）则可能同时检测 11 个触控。应用程序所有的输入都是由多点触控显示屏来接收的，不过不会限制你为每种输入都使用相同的键盘布局，例如语言，或者其他的使用情况。例如，如果你的输入域需要一个电子邮件地址，你可以选择使用一个为电子邮件输入优化过的键盘布局。我们将会在第 6 章中更加详细地讨论文本输入和键盘布局。

图3.3 iOS中各种各样的键盘布局

音频的输出和输入

从用户的角度来看，音频输出非常简单，就像你所期望的那样。你的应用程序可以通过内置扬声器输出声音，而音量由用户设置。如果您的用户已连接耳机，声音则是通过耳机输出。音频输入是通过内置麦克风或者是八分之一英寸的耳麦麦克风。

但是，从设计师和开发人员的角度的观点，存在一个问题，当你的应用程序包括音频，你得负责定义音频的会话属性。这些属性包括：

- 音频会话对硬件静音开关的响应；
- 音频会话对屏幕锁的响应；
- 在其他系统音频例如iPod或者其他的音乐播放器之上继续播放的能力。

最后，你的应用程序的音频在系统事件发生时，比如来电话时必须始终静音。如果你愿意，你可以设置你的音频在通话结束后自动恢复。

开发者注意事项

苹果公司为音频和视频提供了大量的文档，包括代码示例或how-to指南。你可以在苹果公司开发者网站下载代码示例和访问完整的多媒体编程指南，以及在fromideatoapp.com/reference#MPG查阅其他的参考材料。

摄像头

如今，苹果公司开始给其产品线的每个设备加入了摄像头，包括 iOS 设备。目前，iPhone 4 和第 4 代 iPod touch 都有前置和后置摄像头，而较早的 iPhone 只有一个后置摄像头。作为开发人员，您可以选择要访问哪个摄像头，以及如何使用这些数据。

注意事项

如果 iOS 设备只有一个摄像头，激活视频会话时将自动选中该摄像头。如果 iOS 设备有多个摄像头，你同时只能访问一个摄像头，并且必须说明你想使用哪个摄像头。最后，因为摄像头会话还记录音频，所以摄像头会自动静音其他的任何音源。

音量控制

位于 iOS 设备侧边缘上的音量控制按钮用来控制系统音量。你的应用程序和任何声音依赖这个音量控制装置。不过通过 iOS SDK 你可以在你的应用程序中控制系统音量。这意味着你可以在应用程序中创建符合应用程序风格的自定义音量控制 UI。例如，如果你正在为孩子们制作游戏，你想为应用程序的用户界面接口创建音量控制，iOS SDK 可以让你以编程方式来控制音量。

这一点很重要，但是，要留心外部音量控制。因为用户可以使用硬件音量控制按钮来改变音量，你的屏幕上的自定义上的音量控制需要监控外部的音量变化，并进行相应的更新。

加速计和陀螺仪

每个 iOS 设备配备了一个加速计，新型号还包括一个三轴陀螺仪。作为软件设计师或开发者，不需要强制你知道这些设备是如何工作的。而重要的是，您需要知道如何使用它们来打造你的优势。

加速度计是一种简单的硬件装置，可检测 iOS 设备的方向和摇晃。当你把你的电话侧身，加速度计告诉 iOS 系统该设备在横向方向，并且应用程序进行相应的更新。陀螺仪提供了类似的数据，不过它不是跟踪方向和摇晃，而是能跟踪设备的向前 / 向后、向上 / 向下、向左 / 向右移动。迄今为止，只有 iPhone4 和第 4 代 iPod touch 同时配备了加速度计和陀螺仪。

我们将在第 13 章“创建自定义的 iOS 手势”中更加详细地讨论加速计。

开发者注意事项

当在iOS上使用加速计时，允许你进行不同级别的控制。你可以访问原始数据，从而得到方向和摇晃的最完全的控制。但是，对于大多数应用程序来说，你依靠iOS内置的方法即可。例如，当iOS检测到设备旋转时，它会自动调用视图层级结构中的父视图控制器的函数shouldAutorotateTo-InterfaceOrientation，传递给它的参数是设备新的方向。如果这个函数返回YES，iOS将会自动旋转主窗口到新的方向，如果返回NO，iOS将会忽略旋转。

静音开关

静音开关是用来静音 iOS 设备。有趣的是，第一代 iPad 推出时是使用 iOS 3.2 版本，这个硬件开关是方向锁（防止自动旋转的装置）。随着 4.2 版本的 iOS 发布，苹果公司把这个开关的功能改变成了静音开关。当第一代 iPad 公司安装的 iOS 4.2 后，其方向锁定开关会自动改变为静音开关。

对于 iPhone 家族的 iOS 设备，此开关还可以启用手机的震动功能。但是，你的应用程序不会自动启用振动模式。如果你想基于静音开关的位置来判断声音和振动功能，你需要在应用程序中跟踪和处理其中的逻辑。使用 iOS SDK，你可以判断该开关的位置，还应该指出的是，系统要发出任何声音都需要设备不是静音状态。

主屏幕按钮

主屏幕按钮位于屏幕的下面，用来关闭应用程序和返回到应用程序图标列表。从 iOS 4.0 开始，在最近的 iOS 设备上，按下主屏幕按钮关闭应用程序时并不会真正退出应用程序。当用户在支持后台处理能力的设备上按下主屏幕按钮时，应用程序的状态会存储在活动内存中，之后，用户可以快速切换回来。

保存在活动内存中的应用程序的后台处理和台式机不一样。当应用程序关闭并且它的状态保存在活动内存中时，应用程序停止运转。任何任务，比如音频或者其他的正在处理的事物都将挂起。开发者可以通过向 iOS 发起某些服务（例如大型文件的下载、音频或者 GPS 地点），从而使得挂起的应用程序继续运转，但是这些不是默认启用的。

设计师注意事项

你的应用程序工作流程不应该依赖用户从哪个特殊屏幕开始，而是应该设计成用户可以在任何时刻进入和退出应用程序。此外，请记住当应用程序进入后台后，iOS会挂起该应用程序所有的处理和任务。这意味着，任何循环的动画或者UI的过渡效果都会停止，而当应用程序恢复到前台时不会它们也不会自动运行。那么在应用程序恢复到前台时，就要应用程序自己负责重新启动动画并且记忆它们的状态。

电源/锁定按钮

锁定 iOS 设备会让屏幕休眠但不会关闭应用程序。按下电源 / 锁定按钮和较长时间不动设备有同样的效果。你可以通过 [UIApplication sharedApplication].idleTimerDisabled= YES 指定应用程序禁用自动空闲计时器，但是要确保你的应用程序能正确地从休眠中唤醒过来。

当设备进入休眠状态时，有一些处理会继续，例如声音和网络，而其中的则会挂起。动画、计时器以及其他触发器会停止，并且当应用程序恢复时需要重新启动。如果某些处理是基于状态的，那么在休眠事件触发时你就需要保存它们的状态。

设备方向

当史蒂夫•乔布斯展示首批 iPad 时，他的卖点之一是，没有“正确的方式来握持它”，当谈到 iOS 设备的方向时，他强调 iOS 设备的优点在于它的多功能性。如果您旋转设备，应用程序会调整和优化自身从而自动适应屏幕。

作为设计师，你应该考虑你的应用程序可以运行在哪个方向。作为开发人员，您能以编程方式确定哪个设备方向是你的应用程序支持的。

iPhone、iPod touch 和 iPad 都支持以下的设备方向：

- 竖屏（UIInterfaceOrientationPortrait）；
- 横屏—左（UIInterfaceOrientationLandscapeLeft）；
- 横屏—右（UIInterfaceOrientationLandscapeRight）；
- 竖屏—向下（UIInterfaceOrientationPortraitUpsideDown）。

判断设备方向

使用 iOS SDK 有几种方法来判断设备的方向。首先是通过访问设备本身。UIDevice 是 iOS SDK 中一个特殊的类，允许您访问物理硬件的属性。这些属性包括诸如唯一的标识符、系统信息、软件版本、设备（iPhone 或 iPad）的类型、电池电量和方向信息。您可以使用下面的代码访问设备的方向：

```
1  UIDevice *myDevice = [UIDevice currentDevice];
2  UIInterfaceOrientation orientation = myDevice.orientation;
```

在这个例子中，方向变量将被设置为当前设备的当前方向。尽管这种方法在大多数情况下能工作，但是当你的设备是水平时它不太可靠，例如当放在桌子上时，或者应用程序在一个水平方向启动时。

另一种确定设备方向的方法是访问存储在你的视图层级父视图控制器中的方向。（我们将在第 4 章基本用户界面对象和第 5 章用户界面控制器和导航章节分别详细讨论有关视图层级和视图控制器。）一般来说，父视图控制器是在主窗口中的试图控制器。每个应用程序都有一个窗口，在该窗口放置一个根视图控制器。下面的代码块演示了如何访问一个视图控制器的方向：

```
1  UIInterfaceOrientation orientation;
2  orientation = [myViewController interfaceOrientation];
```

这里，我们是访问视图层级中的视图控制器的方向，而不是直接访问设备的方向。

处理自动旋转

视图控制器的一个任务是决定用户界面是否将支持一个给定的方向。当设备旋转时，iOS 会自动调用视图的层次结构父视图控制器的函数 shouldAutorotateToInterfaceOrientation。当 iOS 调用此方法时，它提供了新的方向，并让您有机会返回是否支持该方向。如果返回一个布尔值 YES，iOS 会自动旋转用户界面，如果返回一个布尔值 NO，iOS 忽略旋转。

```
1  - (BOOL)shouldAutorotateToInterfaceOrientation:
                                   (UIInterfaceOrientation)orientation{
2  return YES;
3  }
```

由于方向 UIInterfaceOrientationLeft 和 UIInterfaceOrientationRight 之间差别不大（或者是 UIInterfaceOrientationPortrait 和 UIInterfaceOrientationPortraitUpsideDown 之间），为了方便，iOS 提供了以下方法：

```
1  BOOL isLandscape = UIInterfaceOrientationIsLandscape(orientation);
2  BOOL isPortrait = UIInterfaceOrientationIsPortrait(orientation);
```

在第 1 行，如果方向是 UIInterfaceOrientationLeft 或者 UIInterfaceOrientationRight，那么 isLandscape 将被设置为 YES，如果方向是 UIInterfaceOrientationPortrait 或者 UIInterfaceOrientationPortraitUpsideDown，那么 isLandscape 将被设置为 NO。第 2 行演示了同样的效果，是使用 isPortrait 而不是使用 isLandscape。如果你想要你的应用程序只支持横屏方向而不是前面那样仅仅返回 YES，您应该返回 UIInterfaceOrientationIsLandscape（orientation）。这样的话，如果方向是横屏，将会返回布尔值 YES，否则这个函数将返回 NO。

iOS坐标系统

在 iPad 和 iPhone 4 推出之前，iOS UI 设计师只需要关注一种屏幕分辨率。因为所有的 iOS 设备都运行在相同的基础硬件上，设计师知道所有的应用程序将显示在 320 像素 ×480 像素的显示屏上。这使得设计过程和资源制作简单和明了。

随着 iPad 和 iPhone 4 的 retina 显示屏的引进，iOS UI 设计师不再享有这种奢侈。因为应用程序可能运行在标准的 iPhone 显示屏、iPhone 4 的 retina 显示屏或者 iPad 的 9.7 英寸的显示屏上，设计师需要采取额外步骤，以确保 UI 的一致性和图片资源的质量。

iPhone4和Retina显示屏的点和像素

从 iOS 4.0 开始，你必须了解点和像素之间的差异。iOS 使用标准的坐标系统，其中 (0,0) 定义为屏幕左上角。x 轴的正方向指向右边，y 轴的正方向指向下方。

正如在上面设备的方向一节讨论的，如果你的应用程序支持多个设备的方向，当 iOS 接收到一个方向变化的通知，iOS 将重新定义原点 (0,0) 为新方向的左上角。从 iPad 和使用 iOS 4.0 的一些 iPhone 开始，用户能够锁定设备的方向。如果用户锁定了设备的方向，iOS 不会受到方向变化的通知，当然就不会重新定义原点 (0,0) 为新方向左上角。

在 iOS 4.0 之前，所有设备的显示分辨率均是 320×480。顺理成章地，iOS 采取了 320×480 的坐标系。然而，随着引进 iOS 4.0，坐标系统不再需要匹配设备的分辨率。如表 3.1 所示，iPhone 4 拥有两倍于上一代 iPhone 的像素。这意味着 iPhone 4 使用的坐标系中每个点相当于两个像素。

表3.1 iOS设备显示分辨率和坐标系统

设备	像素分辨率	坐标系统
iPhone 2G、3G、3GS, iPod	320×480	320×480
iPhone 4	640×960	320×480
iPad	1024×768	1024×768*

*当iPad以1x或者2x模式运行iPhone应用程序时，iPad将模拟320×480坐标系统。

幸运的是，对于开发人员来说，苹果公司大多数的 API 默认都是使用设备坐标系统。例如，如果一个按钮被设置为具有高度和宽度为 100，并在坐标（10,10）处绘制，此按钮在 iPhone 3G 和具有更高分辨率显示屏幕的 iPhone 4 上会显示在完全相同的物理位置和尺寸大小。不幸的是，对于设计师来说，图像资源需要根据具有不同显示分辨率的硬件设备进行调整。

为不同的显示分辨率准备图像资源

在 iPhone 4 使用的坐标系中每个点用两个像素表示。这意味着，如果你要为一个高和宽 100 的按钮使用背景图片，那么背景图标的实际尺寸应该为 200 像素 ×200 像素，才能避免像素拉伸产生失真。

设计 iOS 应用程序时，你需要为同一个图像同时提供高分辨率和低分辨率的文件。当 iOS 没有找到高分辨率或者低分辨率图像资源时，它会尝试缩小或者放大图像以适应设备的坐标系统。其结果是产生颗粒状的图像（当 iOS 放大图像时）或者是失真的图像（当 iOS 缩小图像时）。把图像缩小除了有失真的风险，而且加载一个比所需显示的图像大一倍的图像，显示在屏幕时再缩小一倍，这样浪费了宝贵的系统资源，而这些宝贵的资源正是以前设备所紧缺的。

高分辨率和低分辨率资源文件对的命名约定

那么如何创建一个高分辨率和低分辨率文件对？正如我们将在第 4 章“基本用户界面对象”一节所讲，图像对象可以使用以下代码创建：

```
1  UIImage *myImage = [UIImage imageNamed:@"mySampleImage"];
```

现在我们不要太纠结这行代码是什么意思，只需要知道使用参数imageNamed:@"mySampleImage" 创建一个图像对象。这意味着当这段代码执行时，iOS 将会在应用程序资源里查找名为 mySampleImage 的图像资源。好消息是，随着 iOS 4.0 的推出，苹果公司通过一个简单的命名约定（表3.2）使得图像更容易适应不同的屏幕分辨率。

表3.2　iOS图像资源文件名对命名约定

设备	文件名
iPhone 2G、3G、3GS, iPod touch	mySampleImage~iphone.png
iPhone 4（高分辨率显示屏幕）	mySampleImage@2x.png
iPad	mySampleImage~ipad.png

以表 3.2 为指导，你可以快速看出命名模式（见表 3.3）。

表3.3　iOS文件名命名约定模式

设备	文件名
低分辨率文件	[你的文件名]~[设备名(可选)].[文件扩展名]
高分辨率文件	[你的文件名]@2x~[设备名(可选)].[文件扩展名]

因此，当我们的代码告诉 iOS 加载图像 mySampleImage，iOS 首先检查是在什么样的硬件上运行，然后基于可用的资源文件自动选择最适合的。我们可以只创建文件 mySampleImage.png 和 mySampleImage@2x.png。在这里，无论是 iPad 和老一代的 iPhone 将使用相同的图像文件，但 iPhone 4（高分辨率设备）将载入 @2 图像文件。

最后一点：只有所有图像位于应用程序资源包的同一个目录时，iOS 才能自动确定适当的文件。当您在代码中引用 imageNamed 时不需要定义路径，但所有图像必须在相同的相对路径。

第4章

基本的用户界面对象

本章对想要开始踏上iOS应用程序设计之旅的设计师们而言可能是最有价值的内容。要开发一个网站，公司最常用的做法是把设计师和开发人员分成不同的团队，虽然看起来可能不是很明显，团队可以这样分割的一个原因是，网页设计师理解网站是如何工作的。设计师熟悉网页开发人员使用的工具，他们知道链接如何工作，他们知道需要关心的是悬停状态和点击状态，他们知道下拉菜单和异步页面加载如何起作用。

但是，开发 iOS 应用程序并不如此。为了设计 iOS 应用程序，深入理解用户界面如何工作是必不可少的，它不能通过简单地玩玩设备就能掌握的。设计师需要知道开发人员有什么锦囊妙计，以及哪些招数可以应用在 iOS 上。学习完本章后，你将了解 iOS 关键功能的幕后知识。我们将概述 iOS 的用户界面的构建模块，然后示范一些创建 iOS 应用程序可以使用的基本框架。

UIKit和Foundation

请记住，Cocoa Touch 包含了 iOS 的用户界面层。Cocoa Touch 的架构可以分成两个主要基础框架：UIKit 和 Foundation。UIKit 是您的一站式购物商店，可以获得 UI 元素、硬件接口和事件处理。由于本书主要涉及用户体验，我们将着重探讨 UIKit。但你至少应该要知道 Foundation 在 iOS 环境中起的作用。

Foundation 为 iOS 提供了基本的操作层，定义 NSObject（iOS 所有对象的根）和所有的基本数据类型，例如 NSArray、NSDictionary 以及 NSStrings。在苹果公司开发者文档上定义 Foundation 的用途如下：

- 提供了一组基础实用工具类。
- 通过引进一致性的约定，例如释放，使得软件开发更加容易。
- 支持Unicode字符串、对象持久性和对象分布。
- 提供一定级别的操作系统独立性，提高应用程序的可移植性。

从第一篇的 iOS 应用程序蓝本的“Hello, World!”应用程序中，我们注意到 UIKit 和 Foundation 会自动包含在在我们的类的头文件里。这是因为当我们创建我们的项目，我们选择了新的 iOS 应用程序。Xcode 知道这些框架是 iOS 必需的，因此它们默认被包含在头文件中。

开发人员注意事项

Foundation框架是iOS开发生命周期的重要组成部分。如果你有兴趣，我强烈建议您研读这个框架能给你的能力。您所有的简单的数据结构，如数组和字典（值—键对数组），都定义在Foundation框架中。此外，Foundation为网络操作和XML解析定义了实用函数。最后，虽然Foundation和iOS主要是Objective-C对象和类，但是存在访问对象的C语言表示的接口。这意味着你可以把一个对象在C语言和Objective-C表示之间进行转换，而不会对性能产生任何影响。请访问fromideatoapp.com/reference#foundation获得更多关于Foundation框架的信息。

iOS视图

UIKit 中包含基本的用户界面对象。iOS 里用来在屏幕上显示内容的基本装置是所谓的视图。iOS 应用程序中几乎所有的 UI 元素的父对象都是 UIView。正如在第 1 章 iOS 入门指南提到的，iOS 编程的基本原则之一是子类化。因为所有的 UI 对象的父类是 UIView，这些 UI 对象继承了视图的基本属性。这些属性包括大小、位置、透明度，以及在视图层次中的位置。

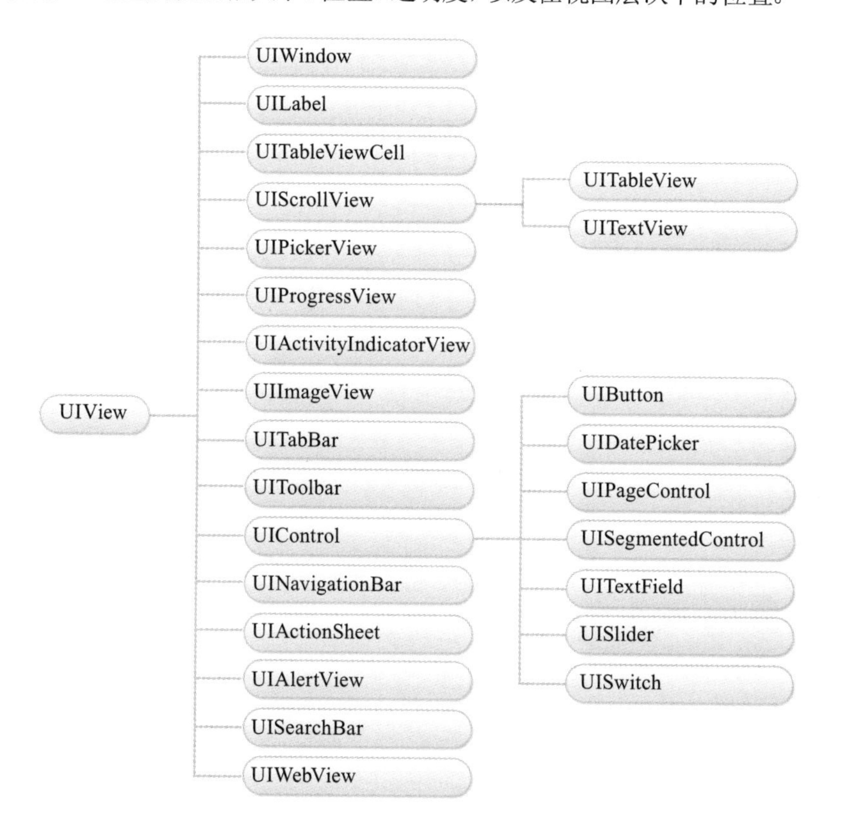

图4.1　UIView对象继承树

UIView

给定高度、宽度和位置，UIView 定义了一个矩形。这个矩形有一些基本的属性，例如透明度（可见性）、背景颜色、一个它的超视图（父）的记录，以及一个包含所有子视图（孩子）的数组。

在第 3 章“物理硬件”中，我们讨论了 iOS 坐标系。视图的坐标系统遵循同样的原则。当一个应用程序启动时，它会创建一个 UIWindow。与桌面应用程序不同，每个 iOS 应用程序都被限制在一个窗口内，而整个应用程序都是该 UIWindow 窗口的子视图。UIWindow 实际上是 UIView 的子类，它覆写了原点和视图的尺寸，把屏幕的左上角作为原点，把设备的屏幕尺寸大小作为视图的尺寸。

视图层级

当视图添加到屏幕上，它们被放在称作视图层级里。很像 HTML 文档里用作容器的 <div> 标记，视图可以包含其他的视图对象。层级定义了屏幕上视图的布局。如果存在重叠的视图，那么位于最上面的视图会显示，从而覆盖位于之下的视图。

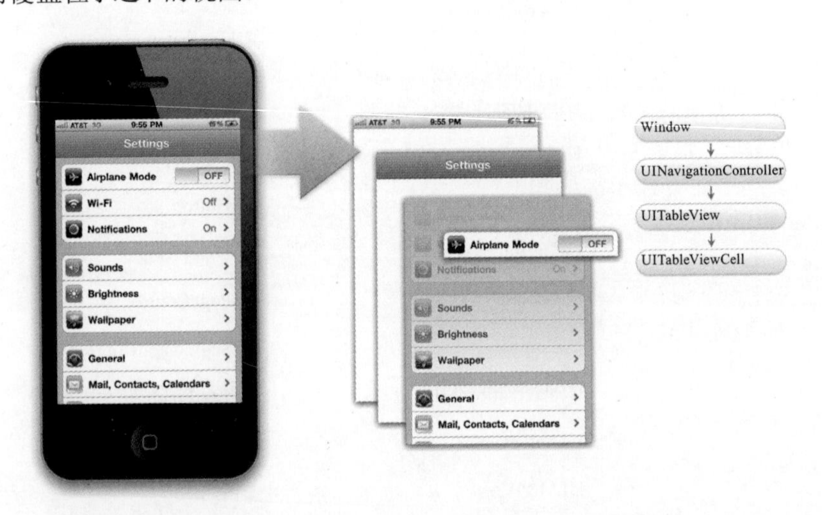

图4.2 视图层级

管理视图层级

创建一个视图时，它不会自动存在于视图层次里。稍后您可以通过调用 addSubview: 或者 insertSubview: 把新建的视图添加到屏幕上可见的视图上。此外，您在隐藏的视图上建立一个视图层次，完成层级创建后再显示。

请记住，iOS 使用保留—释放作为内存管理策略。从视图层次结构中删除一个视图将递减该视图的一个保留计数。如果你打算从层次结构中删除一个视图后还要继续使用该视图，那么应该在删除前先保留该视图，否则，有可能出现使用一个保留计数为零的视图，结果是引起应用程序崩溃。

在使用完视图后，记得调用释放方法从而避免内存泄漏。

小窍门

由于视图往往是重复使用，例如 UITableViewCell 因而你可以使用 reuseIdentifier 标记，此标记让使得你可以重用一个已经分配内存但是没有显示在屏幕上的视图。

drawRect和setNeedsDisplay

当一个视图被刷新时，该视图的 drawRect 函数被调用。每次调用该函数时，它都绘制内容到视图。由于 drawRect 调用非常频繁，所以它应该是一个非常轻量级的函数。不要在 drawRect 函数内分配内存，而且坚决不要从你的代码中直接调用 drawRect 函数（我们将在第 8 章创建自定义 UIView 和 UIViewController 进一步讨论重载 drawRect 函数）。

那么，如果你不能在自己的代码中调用 drawRect 函数，如何才能刷新视图呢？答案是调用函数 setNeedsDisplay。由于移动设备上资源稀缺，iOS 会尽可能试图优化资源密集的处理过程。向屏幕上绘制内容需要大量的资源，所以使用 setNeedsDisplay 函数设置视图，而不是手动调用 drawRect 函数刷新视图。当一个视图调用 setNeedsDisplay 函数设置了标志，iOS 会在最有效率的时候自动刷新视图。drawRect 和 setNeedsDisplay 之间的时间延迟难以察觉，在毫秒级。但是，通过让 iOS 自己调度而调用 drawRect，iOS 可以优化多个 drawRect 函数调用，然后以最高效的方式来执行命令。

注意事项

为了优化 iOS 应用程序的性能，iOS 只绘制屏幕上可见的视图。这意味着，如果一个视图在屏幕之外或者被另一个视图所覆盖，iOS 不会刷新该视图的这部分内容。

Frame 和 Bounds

每个视图有两个属性：frame 和 bounds。这两个属性都是一个简单的数据结构，叫做 CGRect，其中定义了一个原点（x, y），以及一个尺寸（宽度，高度）。虽然相似，实际上视图的 frame 和 bounds 有不同的定义和用途。

视图的 frame 定义了一个矩形的宽和高，以及一个原点，原点的值是该视图的原点在父视图中的位置。视图的 bounds 也定义了宽和高，但是原点是相对于当前视图的值，并且通常是 (0, 0)。

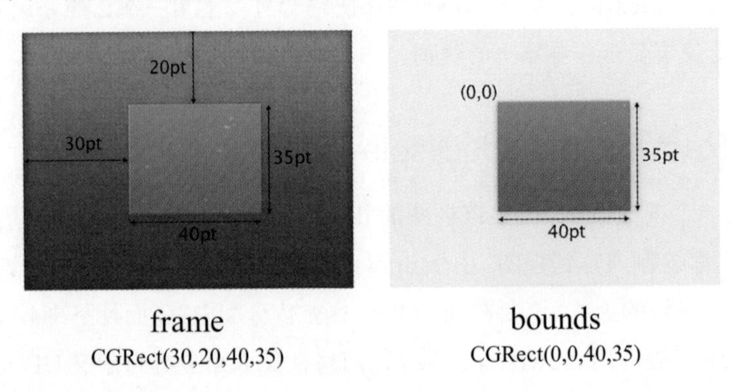

图4.3 Frame和Bounds

UIView例子

现在，你对视图是如何工作的已经有了基本的了解，让我们回过头来看看第一篇 iOS 应用程序的蓝本“Hello, World!”应用程序。在这个例子中，我们创建了一对视图对象，然后加入到我们的窗口中。

```
1  UILabel *myLabel = [[UILabel alloc] initWithFrame:CGRectZero];
2  myLabel.text = @"Hello, World!";
3  [myLabel sizeToFit];
4  [myViewController.view addSubview:myLabel];
5  [window addSubview:myViewController.view];
```

第一行代码，我们创建了一个名叫 myLabel 的 UILabel 对象，高度和宽度都设置为 0。UILabel 是 UIView 的子类，所以我们知道它有高度、宽度、透明度等属性。在这个例子中，我们创建了一个高度和宽度是 0 的 UILabel 对象，因为我们想要自动调整它的尺寸以适应要显示的文字，如第 3 行所示。在第 2 行，我们设置 myLabel 的文本为“Hello，World!”。

UIView 和它的子类之间有一个及其重要的区别。UIView 没有文本属性。在这种情况下，UILabel 是 UIView 的一个子类，这赋予了 ULLabel 高度、宽度、透明度和背景颜色属性。但 UILabel 增添了文本、字体和文本对齐方式属性。

最后，在 4 行和第 5 行，我们把新创建的视图作为子视图添加到视图层次之中。在第 4 行，我们把标签作为子视图添加到 myViewController 的视图上。第 4 行后，我们的标签还不可见，因为只有我们的窗口在屏幕上可见。在第 5 行，我们把视图 myViewController 作为子视图添加到窗口中。这将把 myViewController 以及它的所有子视图——包括我们的 UILabel——添加到应用程序窗口的视图层次之中。

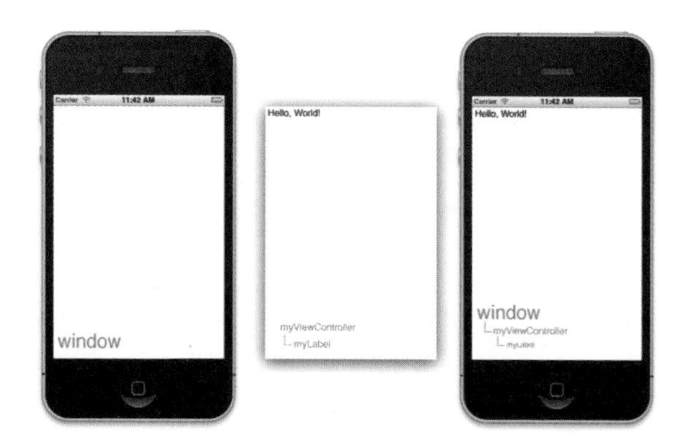

图4.4 UIView例子——iPhone视图层级

UIKit

UIKit 框架包含了建立你的 UI 的所需的所有对象。UIKit 中定义了近百个单独的类，因此，为了简便起见，我们将重点介绍一些最常见的用户界面对象。它们包括：

- UILabel；
- UIImage and UIImageView；
- UIWebView；
- UIScrollView；
- UITableView and UITableViewCell；
- UINavigationBar；
- UITabBar。

注意事项

在第6章“用户界面按钮、输入、指示器和控件”我们将继续UIKit的讨论，并将涉及UIControl子类。访问fromideatoapp.com/reference#uikit获取UIKit可用的类的完整列表。

UILabel

你已经在第一篇iOS应用程序蓝本的“Hello, World!”例子中看到过UILabel的身影。标签是用于在屏幕上显示的文字一个界面对象。UILabel的基本属性概述于表4.1。

表4.1 UILabel属性和描述

属性	描述
text	标签显示的静态文本
font	标签显示文本的字体
textColor	标签显示文本的颜色
textAlignment	文本显示的对齐方式。可选项有UITextAlignmentLeft、UITextAlignmentRight、UITextAlignmentCenter
lineBreakMode	标签换行使用的方法。可选项有UILineBreakModeWordWrap、UILineBreakModeCharacterWrap、UILineBreakModeClip、UILineBreakModeHeadTruncation、UILineBreakModeTailTruncation、UILineBreakModeMiddleTruncation
numberOfLines	用来显示文本的最大行数。numberOfLines默认值是1。把numberOfLines设置成0，可以使用尽可能多的行数，只要在标签的边界内
adjustsFontSizeToFitWidth	如果设置为YES，标签会自动缩放字体大小，以便文本能够自适应标签的边界
minimumFontSize	如果adjustsFontSizeToFitWidth设置为YES，这个值用于限制自动调整时字体大小的最小值。如果达到此限制而且文本标签仍不符合，那么内容将根据lineBreakMode被截断。如果adjustsFontSizeToFitWidth设置为NO，这个值将被忽略
shadowColor	文本的阴影颜色。这个颜色默认是nil

续表

属性	描述
shadowOffset	指标签的文本阴影相对于文本的偏移值。阴影偏移使用CGSize结构定义了（width, height）偏移值。默认的偏移值是（0,－1），代表阴影相对于文本水平偏移是0，而垂直偏移是－1。因此（0,－1）定义了向上一个像素的阴影，同理，（0, 1）定义了向下一个像素的阴影

UILabel例子

```
1  CGRect frame = CGRectMake(0, 200, 320, 40);
2  UILabel *example = [[UILabel alloc] initWithFrame:frame];
3  example.text = @"Hello, World!";
4  example.textColor = [UIColor whiteColor];
5  example.shadowOffset = CGSizeMake(0, -1);
6  example.shadowColor = [UIColor darkGrayColor];
7  example.textAlignment = UITextAlignmentCenter;
8  example.backgroundColor = [UIColor lightGrayColor];
```

获取代码 ➡➡➡

请访问fromideatoapp.com/downloads/example#uilabel下载UILabel Example所有的项目文件。

在此代码示例中，我们创建了一个名叫 example 的 UILabel，设置 frame 的高是 40，宽是 320，以及原点位于父视图位置（0,200）。然后我们在第 3 行设置标签文本为“Hello，World!”，在第 4 行设置文字的颜色为白色。在第 5 和第 6 行，我们给文本设置了阴影。为了得到向上一个像素的阴影，我们定义水平偏移量为 0，垂直偏移是－ 1。最后，在第 7 行，我们通过设置 TextAlignment 属性值为 UITextAlignmentCenter，从而把文本在标签的边界范围内居中显示。由于标签的宽度是 iPhone 屏幕的宽度，所以标签文字将在屏幕上居中显示。

请注意第 8 行，我们设置了标签的背景颜色。请记住，因为 UILabel 是 UIView 的子类，所以标签也就拥有了 UIView 中的所有属性。

图4.5　UILabel的一个示例

小窍门

默认情况下，UILabel 背景颜色为白色不透明的。这意味着，标签的矩形内的像素必须被填写。为了把一个文本置于背景上面（例如，把文本置于一个透明背景或者图像上面），最好设置 example.opaque 为 NO，以及设置 example.backgroundColor 为 [UIColor clearColor]。

UIImage和UIImageView

图像是 iOS 应用程序的强大工具。UIImage 是 NSObject 的子类，Foundation 框架的一部分。UIImage 是一个简单的对象，它代表了显示图像所需要的数据。UIImage 对应 UIKit 中的 UIImageView。UIImageView 是 UIView 的子类，但它是为在屏幕上绘制 UIImage 而设计的。

UIImage 支持以下的格式：

- Graphic Interchange Format (.gif)；
- Joint Photographic Experts Group (.jpg, .jpeg)；
- Portable Network Graphic (.png)；
- Tagged Image File Format (.tiff, .tif)；
- Windows Bitmap Format (.bmp, .BMPf)；
- Windows Icon Format (.ico)；
- Windows Cursor (.cur)；

- XWindow Bitmap (.xbm)。

小窍门

要优化您的应用程序，可以考虑使用透明背景的 PNG 文件。iOS 特别重视 PNG 图像的透明度，如果只需要一个图像资源，你将能够调节覆盖图像的背景色。

当创建一个 UIImageView，你可以选择使用标准的视图初始化方法 initWithFrame。然而，由于图像的独特性，iOS 为您提供了一个额外的初始化方法，它是 initWithImage。当你使用一个图像来初始化 UIImageView，它会自动把 UIImageView 的高度和宽度设置为 UIImage 的高度和宽度。

```
1 UIImage *myImage = [UIImage imageNamed:@"sample.png"];
2 UIImageView *myImageView = [[UIImageView alloc] initWithImage:myImage];
3 [self.view addSubview:myImageView];
```

第 1 行，我们以示例图像 sample.png 创建了一个 UIImage。这 UIImage 不是一个真正的可以向用户显示的图像，它实际上只是一种用于存储图像数据数据类型，类似于字符串、数组或字典。第 2 行，我们创建了一个 UIImageView，这是 UIView 的子类，旨在显示 UIImage 数据类型。在使用图像初始化 myImageView 后，在第 3 行，我们再把 myImageView 加入到视图层次。

UIWebView

UIWebView 对象用来嵌入基于 Web 的内容。你可以选择加载从互联网下载的内容，也可以从你的应用程序包的本地资源里加载 HTML 格式的字符串。UIWebView 也可以用来显示额外的文件类型，例如 Excel（.xls）、Keynote（.key.zip）、Numbers（.numbers.zip）、Pages（.pages.zip）、PDF（.pdf）、PowerPoint（.ppt）、富文本格式（.rtf）和 Word（.doc）。

（译者注：Keynote 是苹果公司开发的演示幻灯片应用软件，Numbers 是苹果公司开发的电子表格应用程序，Pages 是苹果公司开发的文字处理和页面排版应用程序，它们都包含在办公软件套装 iWork 里。）

表4.2　属性、方法以及描述

属性	描述
delegate	当UIWebView加载内容时或者当事件（例如选择一个链接）发生时，委托将会被通知，这里也就是被调用
request	表示网页视图已经加载完毕的或者当前正在加载的内容的对象NSURLRequest。这个值只能在loadRequest:方法中设置
loading	这是一个布尔值，可以取YES或者NO，这个值指示了UIWebView是否完成了加载申请
canGoBack	这是一个布尔值，指示了UIWebView是否可以后退。如果可以后退，那么必须要实现一个后退按钮，然后调用goBack方法
canGoForward	这是一个布尔值，指示了UIWebView是否可以前进。如果可以前进，那么必须要实现一个前进按钮，然后调用goForward方法
dataDetectorTypes	定义了UIWebView自动检测数据类型的行为。可选项包括UIDataDetectorTypePhoneNumber、UIDataDetectorTypeLink、UIDataDetectorTypeAddress、UIDataDetectorTypeCalendarEvent、UIDataDetectorTypeNone和UIDataDetectorTypeAll。如果数据类型探测器定义了，iOS会自动转换成链接，并激活iOS相应的功能。例如，电话号码变成链接，如果点击它，将提示用户拨打电话

UIWebView例子

这里，我们展示一个使用 UIWebView 实现的简单 Web 浏览器。下面的代码块创建一个加载标签，并将其添加到我们的窗口。你会发现，我们把加载标签隐藏属性设置为 YES，这意味着，即使标签在视图层次结构里，它也将不可见。

```
1  CGRect frame = CGRectMake(0, 200, 320, 40);
2  myLoadingLabel = [[UILabel alloc] initWithFrame:frame];
3  myLoadingLabel.text = @"Loading...";
4  myLoadingLabel.textAlignment = UITextAlignmentCenter;
5  myLoadingLabel.hidden = YES;
6  [window addSubview:myLoadingLabel];
7
```

```
8   frame = CGRectMake(0, 20, 320, 460);
9   myWebView = [[UIWebView alloc] initWithFrame:frame];
10
11  NSURL *homeURL = [NSURL URLWithString:@"http://fromideatoapp.com"];
12  NSURLRequest *request = [[NSURLRequest alloc] initWithURL:homeURL];
13
14  myWebView setDelegate:self];
15  [myWebView loadRequest:request];
16  [request release];
```

获取代码 ➠➠➠

请访问 fromideatoapp.com/downloads/example#uiwebview 下载 UIWebView 项目的所有文件。

从以往使用 UILabel 的经验，这段代码大部分我们应该很熟悉了。第 11 行和第 12 行用来创建我们的请求对象。首先，我们创建了 NSURL，然后使用 URL 创建了一个新的请求变量。一旦准备好请求对象，我们需要做的是将其应用到我们的 UIWebView 对象 myWebView。

但是，在我们应用请求对象前，我们要建立 UIWebView 的委托。在这里，我们只是将它设置为 self，这意味着 myWebView 将在当前类中实现所有的委托方法。在这种情况下，我们需要关心 webViewDidStartLoad 和 webViewDidFinishLoad。这些委托方法在下一个代码块中实现。

开发人员注意事项

委托在iOS编程中非常重要。委托是当一个对象准备好执行某特定功能时被调用。例如，UIWebView的定义了协议UIWebViewDelegate。在此委托协议中，你会发现可选的诸如webViewDidStartLoad:(UIWebView*)webView方法。当UIWebView开始加载其请求，它将会调用赋值给webViewDidStartLoad委托的方法。这将给您控制权，以便执行必要的行为。如果您对委托编程不熟悉，我强烈建议你访问fromideatoapp.com/reference#delegates进一步阅读苹果公司的开发文档。

```
1  - (void)webViewDidStartLoad:(UIWebView *)webView{
2      myLoadingLabel.hidden = NO;
3      UIApplication *application = [UIApplication sharedApplication];
4      application.networkActivityIndicatorVisible = YES;
5  }
6
7  - (void)webViewDidFinishLoad:(UIWebView *)webView{
8      myLoadingLabel.hidden = YES;
9      UIApplication *application = [UIApplication sharedApplication];
10     application.networkActivityIndicatorVisible = NO;
11     [window addSubview:webView];
12 }
```

第1行至第4行代码块实现了webViewDidStartLoad。当一个UIWebView开始加载其请求，它将通过委托调用该方法。我们将利用这个函数调用，首先把加载标签设置为可见，然后开启设备的网络活动指示。第6行到第10行实现了webViewDidFinishLoad。此时，我们的UIWebView已经完成了加载请求，我们希望将它添加到我们的窗口。第7行，我们隐藏了加载标签，并在第8行，我们隐藏了设备的网络活动指示。最后，现在我们的UIWebView已经完成加载请求，把它作为子视图添加到主窗口。

设计师注意事项

iOS应用程序通常使用加载屏幕。当您设计应用程序时，请考虑你的屏幕上正在加载的数据类型和数量。如果你需要从互联网加载数据，或从大型数据集中加载数据，那么设计一个加载屏幕来处理异步操作。在iOS中有默认的UIView用来指示进度，包括进度条和活动的风火轮。此外，如果你的视图需要从互联网上加载内容，那么需要设计一个互联网不可用时的画面。

UIScrollView

UIScrollView是一种特殊的类，用于显示比屏幕大的内容。如果启用滚动，这个类会使用委托方法自动处理多点触碰和移动手势来控制内容。

表 4.3 强调了本章要讨论的 UIScrollView 的比较独特的属性。去访问 fromideatoapp.com/reference#uiscrollview，你可以从苹果公司的开发者文档找到完整的属性列表。

注意事项

不要把 UIScrollView、UITableView 和 UIWebView 作为子视图在它们之间互相嵌入。iOS 自动处理控制滚动或者多点触碰手势的触摸事件，在一个滚动视图里嵌入另外一个滚动视图会导致不可预期的行为，因为接收到触摸事件时处理不当或者不知道怎么处理。

表4.3 UIScrollView 的属性和描述

属性	描述
delegate	当UIScrollViews碰到特定的事件时，委托将会被调用
contentOffset	定义为CGPoint(*x*,*y*)，该值是UIScrollViews里的contentView原点的偏移值
contentSize	UIScrollViews里的contentView的尺寸，contentView通常比UIScrollViews的边界大，从而使得用户可以滚动查看隐藏的内容
scrollEnabled	启用还是禁用UIScrollViews滚动功能的布尔值
directionalLockEnabled	只有当directionalLockEnabled设置为NO时才允许对角滚动，而这是默认值。当定向锁定启用，任何时候用户只能够垂直或者水平滚动，但不能两者兼得。用户开始垂直滚动，将被锁定只能垂直滚动，直到拖动动作结束。水平滚动动作也一样
scrollsToTop	如果scrollsToTop设置为YES,当用户双击iOS状态条时，UIScrollViews将会滚动视图到contentOffset的y分量等于0。iOS不会滚动ContentOffset的x分量
pagingEnabled	如果pagingEnabled设置为YES时，UIScrollView将在contentOffset的值是UIScrollView边界的倍数的位置。最好的例子是iPhone应用程序启动画面。所有的应用程序图标都在同一个UIScrollView里。当你在屏幕上向左或向右滑动手指时，UIScrollView将在contentOffset的值是屏幕宽度的倍数处停留，这时就创建了页面
indicatorStyle	UIScrollViews工具栏指示器的样式。可选项包括：UIScrollViewIndicatorStyleDefault、UIScrollViewIndicatorStyleBlack和UIScrollViewIndicatorWhite

UIScrollView例子

下面的例子演示了一个简单的 UIScrollView 的分页功能。你会发现，它的行为很类似于 iOS 的应用程序启动画面。第 1 行和第 2 行只是设置了用于创建我们的滚动视图 demo 的一些常量。在第 4 行中，我们使用框架初始化 scrollView。请注意，我们设置了滚动界限的宽度为 320，或者是 iPhone 和 iPod touch 屏幕的宽度。第 5 行，我们设置了 scrollView 的 contentSize。对于这个例子中，我们希望 UIScrollView 可滚动的区域 contentSize 是屏幕的宽度乘以页数。最后，我们设置 pagingEnabled = YES，它告诉滚动到 contentOffsets 是滚动边界的倍数或沿水平坐标是 320 的倍数。

从第 8 行到第 27 行看起来有点复杂，但让我把它们逐步分解，这样就显得简单了。对于每个滚动视图页面，我们要创建一个 UIView 并把它作为子视图添加到 scrollView。要做到这一点，我们做的第一件事情是建立一个 for 循环，遍历第 2 行中定义的页数。由于每个“页”的原点需要相对于父视图的偏移，我们创建了一个框架，它的 x 值是 320 乘以迭代变量。对于第 0 页，其值为 0。对于第 1 页，其值为 320。以这种方法计算每一页。第 11 行至第 21 行简单地创建一个 UIView，把它们的背景交替地设置为白色和浅灰色，然后创建一个居中的 UILabel，显示页码。最后，循环结束，把我们的视图添加到 scrollView，并做了一些内存管理。

```
1   CGRect frame = CGRectMake(0, 0, 320, 480);
2   int pageCount = 6;
3
4   UIScrollView *scrollView = [[UIScrollView alloc] initWithFrame:frame];
5   scrollView.contentSize = CGSizeMake(320*pageCount, 480);
6   scrollView.pagingEnabled = YES;
7
8   for (int i=0; i<pageCount; i++) {
9       CGRect f = CGRectMake(i*320, 0, 320, 480);
10      UIView *v = [[UIView alloc] initWithFrame:f];
11      if(i%2)
12        v.backgroundColor = [UIColor whiteColor];
13      else
```

```
14          v.backgroundColor = [UIColor lightGrayColor];
15
16      UILabel *l = [[UILabel alloc] initWithFrame:v.bounds];
17      l.text = [NSString stringWithFormat:@"View #%d",i+1];
18      l.backgroundColor = [UIColor clearColor];
19      l.textAlignment = UITextAlignmentCenter;
20      [v addSubview:l];
21      [scrollView addSubview:v];
22
23      [v release];
24      [l release];
25  }
26
27  [window addSubview:scrollView];
```

获取代码

请访问fromideatoapp.com/downloads/example#uiscrollview下载UIScroll-View所有的项目文件。尝试使用本章中提到的UIScrollView的一些属性。

UITableView和UITableViewCell

UITableView 是 iOS 最常使用的 UI 对象。UITableView 用来在 Mail App、SMS Chat、设置、Safari History 等应用程序中显示内容。在大多数情况下，任何时候你遇到需要垂直滚动的内容，它都可以通过一个 UITableView 来实现。UITableView 是 UIScrollView 的子类，不过不再是直接定义滚动的 contentSize，而是定义 UITableView 的节段和行数，以及行的高度。iOS 自动确定适合的 scrollView 内容。

随着 UITableView 而出现的 UITableViewCell 表示 UITableView 中的一行。想象一下 iPhone 的默认邮件程序。UITableView 代表整个 scrollView，用于滚动查看您的邮件，而 UITableViewCell 是用来表示每个单独的消息。

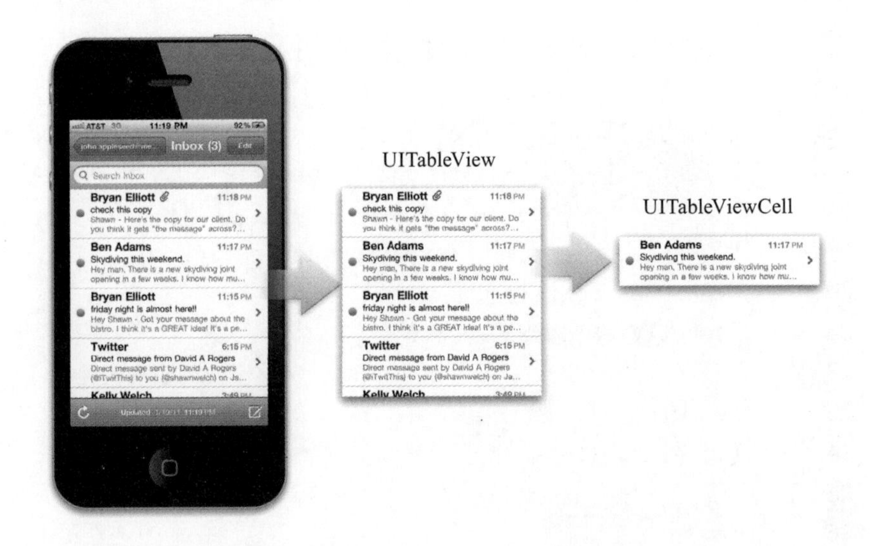

图4.6 UITableView和UITableViewCell

每个UITableViewCell都是UITableView的子视图。然而，并不是分配一个新的UITableViewCell来表示内存中的每个单元格，iOS将重用UITableViewCell，所以同时只有分配少数的UITableViewCell。当一个单元格滚出屏幕，就可以重用它了。当屏幕滚动一个新的单元格到视图来，它将检索可以重用的单元格，再在父视图中重新定位它的位置。这意味着一个包含10万单元格的表格分配的内存数量和一个只包含10个单元格表所分配的内存和性能相同。

因为UITableView在iOS用户界面中是如此常用，将专门使用第9章创建自定义表格视图来讲这个主题。

UIToolbar

每个UITableViewCell都是UITableView的子视图。然而，并不是分配一个新的UITableViewCell来表示内存中的每个单元格，iOS将重用UITableViewCell，所以同时只有分配少数的UITableViewCell。当一个单元格滚出屏幕，就可以重用它了。当屏幕滚动一个新的单元格到视图来，它将检索可以重用的单元格，再在父视图中重新定位它的位置。这意味着一个包含10万单元格的表格分配的内存数量和一个只包含10个单元格表所分配的内存和性能相同。

因为 UITableView 在 iOS 用户界面中是如此常用，在第 9 章“创建自定义表格视图”将专门讲述这个主题。

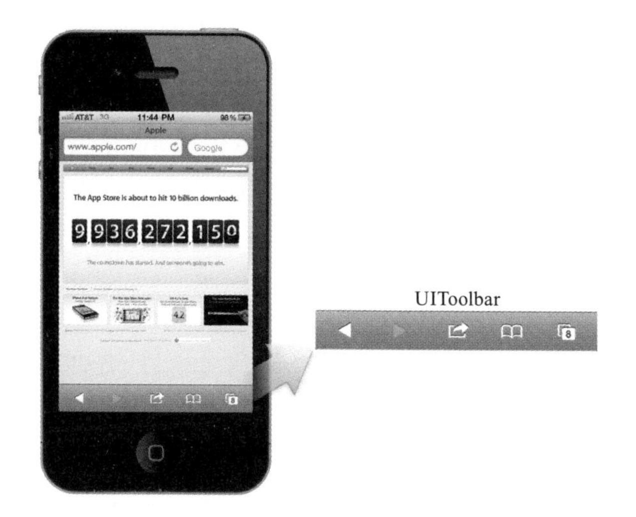

图4.7 Safari Toolbar

iPhone 版本的 Safari 浏览器，底部的蓝色工具栏是一个 UIToolbar，它包含了快速访问诸如向后导航，向前导航、书签、历史、打开网页的频繁操作。你会发现，当 iPhone 旋转到纵向，工具栏图标自动重新分配，以适应 UIToolbar 的宽度。

表4.4 UIToolbar的属性和描述

属性	描述
barStyle	iOS提供了一些默认的工具栏的样式，便于常见的设置，可选项包括UIBarStyleDefault、UIBarStyleBlack、UIBarStyleBlackOpaque 和 UIBarStyleTranslucent
tintColor	给UIToolbar设置给定的颜色
translucent	定义UIToolbar是否透明色的布尔值
items	用来在UIToolbar显示的一个UIBarButtonItem的数组。你可以从系统中选取或者创建自定义的UIBarButton-Item

开发人员注意事项

UIToolbar中的条目是从左到右排列的。所以，如果你在items数组中有两个条目，它们将尽可能排列在左边。如果你想在UIBarButtonsItem之间使用空隙分割它们（例如，创建位于左边和右边的两个条目），那么在items数组中使用系统UIBarButtonItem项目UIBarButtonSystemItem-FlexibleSpace，这将在剩下的两个按钮中放置弹性空间，从而把按钮放置到左边缘和右边缘。

第5章

用户界面控制器和导航

到目前为止，我们已经了解了大量的UI对象，这些对象都是UIView的子类。UIView对大多数UI元素而言是一个基础，或者画布，为它们定义一个指定大小和位置的矩形，以便在其中绘制用户界面元素。我们知道这些视图可以添加到其他的视图上，从而建立一个视图层次结构。简而言之，你应该好好掌握在iOS用户界面中是什么定义了一个元素，以及哪些构件和框架可以为你所用。我们还没有讨论的是，如何管理iOS中的这些视图或者视图层次。

记住，iOS 开发的核心策略之一是模型—视图—控制器（MVC）。围绕 MVC 设计的应用程序分离了应用程序的数据模型、用户界面和逻辑中心。相应地，UIView 通常代表了 MVC 的视图部分，下一步就是要了解控制器。

控制器是什么

简单地说，控制器是你的应用程序的逻辑中心。控制器接收到一个消息，然后决定接下来的动作是什么。这些信息可以，通过用户的输入或者通过 iOS 自身的运行环境产生的事件提供。用这种方法，控制器用于管理 iOS 应用程序的视图或者一批视图的行为。

iOS 有一组专门用来管理不同的用例场景和导航风格的控制器类。所有这些类的父类的根是 UIViewController。UIViewController 类设置一个 UIView 以及定义一个和视图交互或者响应系统可能发生的其他事件的接口。

我们已经讲过 UIViewController 类的一个例子了。下面的代码块看起来和第 3 章物理硬件很像，在那里我们讨论过怎么自动处理设备旋转。

```
1  - (BOOL)shouldAutorotateToInterfaceOrientation:
                           (UIInterfaceOrientation)orientation{
2      return YES;
3  }
```

函数 shouldAutorotateToInterfaceOrientation 在 UIViewController 类的接口中定义。当 UIViewController 加载到内存中后，iOS 自动调用该函数询问是否需要寻找视图控制器到新的方向。如果你的 UIViewController 返回 YES，那么 iOS 就会旋转界面，并且把原点(0, 0)重新定义到新方向的左上角。请记住，我们的模型—视图—控制器关系维持以控制器为决策中心。通过在 UIViewController 类中定义 shouldAutorotateToInterfaceOrientation 函数，iOS 把决定是否选择的责任交给了我们的控制器。

小窍门

如果你在屏幕上加载了多个 UIViewController，其 shouldAutorotateToInterfaceOrientation 行为必须要协调一致。想要旋转，所有的视图控制器必须返回 YES，如果有一个的 UIViewController 返回 NO，则屏幕不会旋转。

所有的 UI 对象以大致相同的方式从 UIView 生成，所有原生的控制器类都是从 UIViewController 生成。本章中，我们将介绍 UIView-Controller 以下的子类：

- UITabBarController；
- UINavigationController；
- UISplitViewController。

我们还将看看 UIPopoverController 类，它是 iPad 特定的容器对象，用于在一个 UIViewController 之上显示另一个 UIViewController。最后，我们将看看 UIViewController 共享的特殊模态视图的关系。

不过，在我们详细讨论基于导航的视图控制器之前，先回头探讨一下我们的基类 UIViewController。请记住，原生的视图控制器子类是父类的扩展。这意味着，我们讨论的 UIViewController 类的所有功能在这些子类上也是可用的。

设计师注意事项

不要担心设计的应用程序和原生的UIViewController子类完全一样。原生的子类是自定义UI的一个很好的起点，你可以自由地在它们之上建立你自己的UI对象类。但是请记住，苹果公司在涉及到人机界面的指导方针时是很严格的。很欢迎更改你的控制器或导航风格，或者添加自定义功能，但你必须遵守指导方针。这些准则包括按钮的大小、位置、导航的约定等标准。在fromideatoapp.com/reference#hig上有这些准则的完整列表，并一道提供了示例和其他参考材料。

UIViewController

UIViewController 管理着一个 UIView 的生命周期。这包括创建、保持和在内存中摧毁 UIView。当创建一个 UIViewController 时，您可以选择手动初始化视图，允许让您手动构建视图层次，或使用 Interface Builder 创建一个 nib 文件。不过，这两种初始化方法都创建了一个 UIViewController 以及与之相关联的视图。

```
1  IBViewController *ib = [[IBViewController alloc]
                              initWithNibName:@"IBViewController"
                                       bundle:nil];
2  ManualViewController *manual = [[ManualViewController alloc] init];
```

在第1行代码中，我们从UIViewController的子类IBViewController创建了一个变量名为ib的试图控制。这里，我们使用一个名称是IBViewController.xib的nib文件初始化了ib的视图（注意，xib文件的扩展名在initWithNibName方法中不需要）。在这种情况下，与视图控制ib相关联的视图从名叫IBViewController.xib的nib文件中加载。

在第2行代码中，我们从UIViewController的子类ManualViewController创建了一个变量名为manual的视图控制器。你会发现我们只调用了通用的init函数。因为我们不是从nib文件载入视图，而是需要在ManualViewController类的loadView函数中手动创建我们的视图和视图层级结构。

开发者注意事项

现在，你可以手工编写你的用户界面或使用拥有图形用户界面的工具Interface Builder来创建nib文件——这两种方法都非常好。在较新的设备上，性能差不多相同，以什么样的方式来制作用户界面只是归结为你想怎么工作。当然，手动编写代码比使用Interface Builder能给你更多的控制权和自由，但这样做可能需要一点时间。苹果公司的Interface Builder用户指南可以在fromideatoapp.com/reference#ib找到。Interface Builder是一个功能强大的工具，可以管理复杂的应用程序对象之间的连接。但是，考虑到篇幅大小，本书不包括Interface Builder的来龙去脉。本书通篇使用的例子都是使用手写代码的方法，但是在适当情况下也会提供nib文件版本的代码示例下载。

iOS应用程序不只限于使用一个视图控制器，事实上，通常使用多个视图控制器，各自管理它自己UI环境里的事件。例如，想象一下iPhone上面自带的iPod应用程序。

当您启动 iPhone 自带的 iPod 应用程序，有一个视图控制器作为根视图控制器,管理屏幕底部的黑色标签导航。每个标签包含了一个视图控制器，用来管理 UITableView 和该标签范围内的导航。当一个新的标签被选中，根视图控制器决定装载哪个视图，然后显示给用户。在这背后，iOS 有一系列针对视图的调用，使得视图在屏幕上显示或者删除。

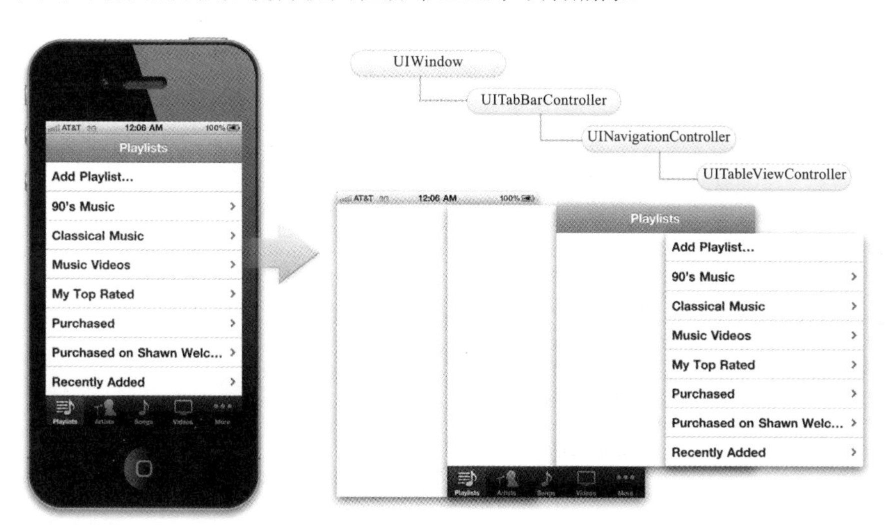

图5.1　多视图控制器管理着iPod应用程序界面的不同方面

视图的生命周期

我们刚刚想象的 iPhone 自带的 iPod 应用程序被称为视图生命周期。视图的生命周期是基于视图的状态在 UIViewController 中调用一系列的事件，如表 5.1 所示。

表5.1　UIViewController视图生命周期

属性	描述
viewDidLoad	当UIViewController第一次加载到内存时调用
viewWillAppear:(BOOL) animated*	在UIViewController的视图在屏幕上显示之前调用
viewDidAppear:(BOOL) animated*	在UIViewController的视图在屏幕上显示之后调用
viewWillDisappear:(BOOL) animated*	在UIViewController的视图在屏幕上移除或者隐藏之前调用

续表

属性	描述
viewDidDisappear:(BOOL) animated*	在UIViewController的视图在屏幕上移除或者隐藏之后调用
viewDidUnload	当UIViewController从内存卸载时调用

*animated 布尔值指示视图显示或者隐藏时是否有动画（例如滑动导航）。

如果你在自定义的 UIViewController 类中重载了这些方法，确保调用其父类同样的方法。例如，如果你重载了 viewDidLoad，首先你应该调用 [super viewDidLoad]。这就让 iOS 做了 viewDidLoad 背后要做的事情。

获取代码

请访问 fromideatoapp.com/download/example#viewlifecycle 下载示例项目，它演示了视图生命周期的各种状态。

视图控制器、导航以及模式视图

UIViewController 管理着相关联的视图。因为我们知道模型—视图—控制器隔离了实际的用户界面，控制器处理导航背后的逻辑这是有道理的。如果说视图表示可以在其上放置 UI 对象的画布，那么控制器则代表了从一个视图导航到下一个视图背后的逻辑。

我们知道 UIViewController 定义了管理 UIView 和与之交互的基本接口。通过可以使用 UIViewController 的子类，苹果公司使得实现常用的导航样式变得容易。下面是最常用的导航样式：

- UITabBarController；
- UINavigationController；
- UISplitViewController；
- UIPopoverController；
- Modal Views。

UITabBarController

UITabBarController 把一系列的视图组织成选项卡，使得用户可以点击标签在不同的视图之间导航。UITabBarController 组织起来的视图组成了标签工具栏的用户界面，以及每个选项卡要显示的内容。

每个 UITabBarController 还管理一个视图控制器数组。这些被管理的视图控制器代表着每个选项卡的根视图控制器。当选中一个新的选项卡，UITabBarController 显示了与该选项卡关联的视图控制器的内容，并调用受影响的视图控制器的相关生命周期方法（如 viewWillAppear 和 viewWillDisappear）。

标签栏工具条中代表每个选项卡视图控制器的图标和文本是在 UITabBarController 的根视图控制器中配置。当你创建一个视图控制，你就定义了一个 tabBarItem。当该视图控制加载到 UITabBarController，标签栏工具条就会设置以该视图控制器为根视图控制器的选项卡的标题和图标。

下面的代码块演示了怎么创建视图控制器，设置选项卡，最后把新建的视图控制器作为一个选项卡加入到 UITabBarController 中。

```
1  //创建新的视图控制器
2  UIViewController *root = [[UIViewController alloc] init];
3  
4  //创建系统默认的UITabBarItem
5  UITabBarItem *tbi = [[UITabBarItem alloc]
                    initWithTabBarSystemItem:UITabBarSystemItemFeatured
                                          tag:0];
6  
7  //设置我们创建的UITabBarItem，并且清理内存
8  root.tabBarItem = tbi;
9  [tbi release];
10 
11 //设置我们创建的视图控制器作为UITabBarController的一个选项卡
12 [tabBarController setViewControllers:[NSArray arrayWithObject:root]
                                animated:NO];
```

设计师注意事项

请注意前面的代码块，我们的UITabBarItem是使用系统默认的UITabBarSystemItemFeatured创建的。苹果公司有一系列系统默认的条目，它们为最常用的选项卡，例如Featured、Recent、Top Rated等定义了图标和文本。如果使用系统的条目，你不能更改文字或图像。我们将在第7章“创建自定义图标，启动图片和按钮”讨论系统所有的按钮，以及如何创建自定义UITabBarItems。

iPhone 自带的时钟应用程序提供了一个 UITabBarController 和混合使用视图控制器的很好的例子。

获取代码

请访问fromideatoapp.com/download/example#tabbarc下载演示UITabBar-Controller的一个示例项目。

UINavigationController

UINavigationController 管理了 iOS 应用程序绝大多数的导航风格。在 Mail、iPod 和通讯录这些应用中，我们看到了进入下一层内容和滑动的导航风格。UINavigationController 包括一个导航栏、一个工具栏、一个内容视图以及一个导航栈，它保存了每个视图控制器相对于根视图控制的导航路径。

UINavigationController 有点像自动驾驶仪的用户界面。iOS 自动处理许多项常见的功能。所有你需要担心的是什么是可见的和下一步你要去哪里。

当你告诉 UINavigationController 接下来要去哪里，它会自动处理从屏幕上添加或者删除视图的滑动动画，并提供一个返回按钮导航你回到你之前所在的地方。把 UINavigationController 想象成一个卡片堆栈对你理解它很有帮助。当一个新的视图被选中，只需要简单地把它放在堆栈的顶部，形成一个小堆。通过从堆栈的顶部移除卡片，您可以容易地回到任何地点。

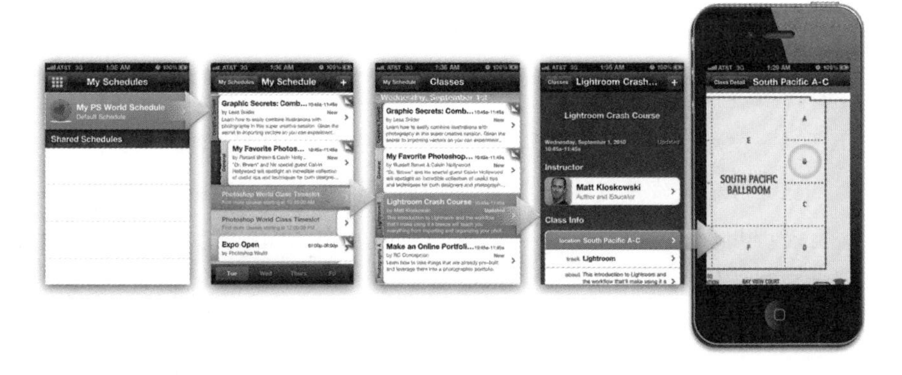

图5.2 访问过的视图控制器在UINavigation-Controller中表示成一个堆栈

以编程的术语来讲，在堆栈上添加和删除条目分别叫做压栈和弹栈。当添加一个新的视图控制器时，视图控制器被压入导航的堆栈。当点击返回按钮从堆栈的顶部移除一个视图控制器。下面的代码示例演示如何使用 UINavigationController 添加一个新的视图到屏幕上。

```
1  DetailViewController *detail = [[DetailViewController alloc]
                                     initWithNibName:@"DetailView"
                                              bundle:nil];
2  [self.navigationController pushViewController:detail animated:YES];
3  [detail release];
```

正如你此代码示例看到的，我们可以通过几行代码就能进入应用程序的下一层视图。DetailViewController 可以是一个完全独立的 UI 对象，只要从 UIViewController 继承而来。把 detail 要入到导航堆栈上，detail 则成为可见的视图控制器，当前的视图控制器则从屏幕上移除。这个例子中，我们的 detail 视图控制器使用滑动动画压入到堆栈，因为我们定义了 animated:YES。如果我们想要视图控制器简单地显示出来，不播放动画，我们需要在第 2 行设置动画布尔参数为 NO。

我们讨论过的视图的生命周期 viewWillAppear、viewDidAppear、viewWillDisappear 和 viewDidDisappear 方法也有一个动画属性。在这个例子中，因为我们把 detail 压栈时设置了动画，那么它的生命周期的方法也会使用动画。

小窍门

当我们把一个视图控制器压入导航堆栈，该视图控制器的保留计数将递增，所以第 2 行代码后保留计数的值变成了 2。因为 detail 视图控制压入导航堆栈后，我们只需要它的一个引用就行了，所以在第 3 行调用 release 方法递减保留计数。当导航控制器使用完 detail 视图控制器，会自动调用 release 方法，使保留计数值为 0，从而在内存中释放 detail 变量。

获取代码

请访问fromideatoapp.com/download/example#navc下载演示UINavigation-Controller的示例项目。

UISplitViewController

UISplitViewController 是 iPad 特有的。你不能在小屏幕的 iOS 设备（比如 iPhone 或 iPod touch）上使用 UISplitViewController。像 UITabBarController 一样，UISplitViewController 是多个视图控制器的容器，不过这里是两个左右并排排列的视图控制器。

当 iPad 是横向模式时，UISplitViewController 同时显示两个视图控制器。但是当 iPad 是纵向模式时，UISplitViewController 自动隐藏最左边的视图控制器，仅全屏显示最右边的视图控制器。

图5.3 横屏和竖屏模式时的UISplitViewController

当发生旋转时，UISplitViewController 提供了委托方法来通知你的应用程序。这使得你可以从 UI 界面上添加或者删除按钮，从而达到隐藏或者显示的功能。不过从用户体验的角度来看，只有在特定方向时主要的导航功能才可用是个坏主意。

```
1  // 当隐藏左边视图控制器时被调用，给工具栏添加一个按钮
2  // 以便访问隐藏的视图控制器
3  - (void)splitViewController: (UISplitViewController*)svc
        willHideViewController: (UIViewController *)aViewController
             withBarButtonItem: (UIBarButtonItem*)barButtonItem
          forPopoverController: (UIPopoverController*)pc {
4
5      // 给将要隐藏的视图控制器添加一个按钮
6
7  }
8
9  // 当隐藏的左边控制器再次显示时被调用，
10 // 移除工具栏中的按钮，禁用UIPopoverController
11 - (void)splitViewController: (UISplitViewController*)svc
        willShowViewController:(UIViewController *)aViewController
     invalidatingBarButtonItem:(UIBarButtonItem *)barButtonItem {
12
```

```
13      // 移除按钮因为视图将显示出来
14
15 }
```

这个长长的代码块说明了UISplitViewController的两个最重要的委托方法。它们看起来复杂，但如果你把函数当成一个句子来读，意思就很清晰了。

第一个方法（第3行～第7行）是在iPad旋转到纵向模式时调用，从而隐藏UISplitViewController左边的视图控制器。把函数当作一个句子来读，svc拆分视图控制器，aViewController隐藏视图控制器。这样一来，这个拆分视图控制器需要准备一个标签工具栏按钮项barButton，当点击这个按钮，隐藏的视图就会在popover控制器的pc中显示。利用这些信息，我们可以给界面添加一个用来显示隐藏视图控制器的按钮。

第二个方法（第11行～第15行）是iPad旋转到横屏模式时调用，从而显示出隐藏的视图控制器。同样，把它当成一个句子来读，svc拆分视图控制器，aViewController显示视图控制器，barButtonItem禁用标签工具栏的按钮项。利用这些信息，我们可以很容易地从UI中删除barButtonItem。

获取代码 ➠➠➠

请访问fromideatoapp.com/download/example#svc下载演示UISplitViewController的示例项目。

UIPopoverController

我们刚刚谈到UISplitViewController，你可能在我们的代码块中引用了UIPopoverController。就像UISplitViewController，UIPopoverController也是是iPad特定的，不能在iPhone或iPod touch上使用。UIPopoverCon-trollers用于在一个可见的视图控制器最顶端放置一层新的视图控制器——一个弹出式的视图。在某种程度上，UIPopoverController很像HTML网站的一个选择菜单或传统的下拉菜单。但不同于网站，其内容不仅限于一个简单的列表，作为设计人员或开发人员的你可以控制它的方向和行为。

UIPopoverController 使用根视图控制器创建或初始化。UIPopoverController 本身不是 UIViewController 的子类，而是在屏幕上布局一个 UIViewController 的容器对象。在上一节中提到的 UISplitViewController 的例子中，iOS 会自动使用将要隐藏的视图控制器来初始化 UIPopoverController。但是，从 UI 的角度来看，你可以在 UIPopoverControllers 中放置任何数量的 UI 对象，只要这些 UI 对象可以放置在 UIViewController 里。

UIPopoverController

图5.4 弹出式视图

初始化 UIPopoverController 之后，你可以使用表 5.2 里面的属性来配置它。

表5.2 UIPopoverController属性和描述

属性	描述
contentViewController	指将要显示在弹出式视图的视图控制器
popoverContentSize	是CGSize（宽、高）类型，定义了弹出式视图的宽和高。如果定义了，这个值默认是contentViewController的cotentPopoverSize
passthroughViews	缺省情况下，如果用户在弹出式视图之外点击，那么该弹出式视图自动隐藏。但是如果是在passthroughViews保存的视图数组里操作，就不会隐藏该弹出式视图

一旦创建并配置了 UIPopoverController，您可以使用两种方法之一在屏幕上显示它：presentPopoverFromRect 或者 presentPopoverFromBarButtonItem。下面的代码示例演示了这两种方法。在这里，变量 pop 是

一个已经初始化和配置了的 UIPopoverController。

```
1  // 在self.view的一个矩形区域显示UIPopover
2  // 箭头位置位于（10,10），矩形尺寸大小（320,500）
3  // 让iOS决定最好的箭头方向
4  // 播放过渡动画（渐入）
5  [p presentPopoverFromRect:CGRectMake(10, 10, 320, 500)
                   inView:self.view
    permittedArrowDirections:UIPopoverArrowDirectionAny
                 animated:YES];
6
7  // 从导航控制器工具栏的按钮显示一个UIPopover
8
9  // 让iOS决定最好的箭头方向
10 // 播放过渡动画（渐入）
11 [p presentPopoverFromBarButtonItem:
                          self.navigationItem.rightBarButtonItem
          permittedArrowDirections:UIPopoverArrowDirectionAny
                         animated:YES];
```

小窍门

你可以使用逻辑或“|”操作符定义多个进入方向。例如，如果你想要弹出式视图从左边或者右边进入屏幕显示，但是不允许从上面或者下面进入，你可以给 permittedArrowDirections 赋值：UIPopoverArrowDirectionLeft | UIPopoverArrowDirectionRight。

获取代码

请访问fromideatoapp.com/download/example#svc下载演示UIPopoverController和UISplitViewController的示例项目。

模式视图控制器

模式视图显示在其他的视图上面（模态），通常提供了以给定的工作流程提供了独立的功能，类似内容创建或者特殊的输入。例如，当你在 iPhone 上发送一个文本短信时，你点击了摄像头图标采集一幅图像到你的短信中，摄像头或者图像选择器就从底部滑出以模态视图显示。不像 UIPopoverController 那样是临时的，模式视图占据了舞台中心。在 iPad 上，当一个模态视图占据整个屏幕，在模态视图的界外触碰或者输入将被忽略。由于模式视图被设计成独立的任务，你应该给用户从一个明确的退出或者完成任务的方法（例如，发送电子邮件按钮）或者取消或者完成按钮。

当用户点击 iPhone 自带的应用程序日历中的加号图标，新的事件对话框从屏幕底部的滑出，以模式视图控制器显示在屏幕上。类似地，iPad 上自带的 Mail 应用程序的邮件编辑对话框也采用了模态视图。在 iPad 上，模态的视图可以配置为只占据屏幕的一部分，而在 iPhone 或 iPod touch 上它们必须以全屏显示。

不像目前所有我们讨论过的视图控制器，模式视图控制器不是 UIViewController 的特殊子类，而是两个 UIViewController 之间的关联。模式视图控制器所有的属性定义在 UIViewController 类中。这意味着，任何 UIViewController 可以当做模式控制器显示，并且任何 UIViewController 可以显示一个模式视图控制器。

图5.5　iPad上Mail应用程序的邮件编辑模式视图

UIViewController 类有两个关键的属性影响了模式视图：

- modalTransitionStyle；
- modalPresentationStyle。

modalTransitionStyle

modalTransitionStyle 定义了模式视图在屏幕上播放什么动画。如果使用 animated:NO，将没有任何动画效果。有四种过渡动画样式可以选择。

- UIModalTransitionStyleCoverVertical：当显示时，模态视图控制器从屏幕的底部滑出。当消失时，模态视图控制器从屏幕的底部滑出。这是通常用来在iPhone上撰写电子邮件或者给iPod创建播放列表。

- UIModalTransitionStyleFlipHorizontal：当显示时，当前的视图以三维动画从右向左翻转，三维动画翻转过来的背面是模态视图控制器。当消失时，动画反转翻动从左到右。这用在自带的天气和股票应用程序的信息屏幕。

- UIModalTransitionStyleCrossDissolve：当显示时，模态视图从当前视图的上部淡入。当消失时，动画反转，模态视图淡出。

- UIModalTransitionStylePartialCurl：当显示时，当前视图的右下角像一页书一样翻开，下面是模式视图。当模态视图消失时，当前视图又像一页书往回翻，覆盖在模式视图上面。

modalPresentationStyle

由于 iPhone 和 iPod touch 的屏幕很小，不同的模式显示样式仅在 iPad 上可用。模态显示风格定义了模态视图的内容视图，以及在整个屏幕范围内如何显示出来。有四种可选的 iPad 的模式显示样式。

- UIModalPresentationFullScreen：这是模态视图显示样式的默认选项，并且是iPhone和iPod模式视图的唯一选择。此时，在过渡动画结束后，模态视图占据整个屏幕。

- UIModalPresentationPageSheet：当一个模态视图是以页面表显示时，内容视图的宽度设置为设备的纵向模式的宽度或768单位。当在横向模式下，页面居中中心显示，外围区域变暗。这种风格的一个例子是iPad自带的

Mail应用程序撰写新邮件时的视图。

- UIModalPresentationFormSheet：类似页面表的显示风格，表单模态视图的内容视图比iPad的屏幕尺寸小，其边界以外区域也变暗。然而，表单模态视图显示风格有一个固定的宽度和高度，是540×620。旋转设备模式视图将保持在屏幕中心而不改变它的大小。
- UIModalPresentationCurrentContext：模态视图简单地使用其父视图控制器相同的风格作为它自己的风格。

获取代码

请访问fromideatoapp.com/download/example#modalview 下载演示模式视图，模式视图过渡风格，以及模式视图显示样式的示例项目。

第6章

用户界面按钮、输入、指示器和控件

到目前为止，我们一直在讨论制作iOS用户界面的基础。我们已经学了一些物理硬件，了解了基本的UI视图，而且也探讨了控制器的重要性以及如何在应用程序中使用控制器。我们已经知道东西要放在哪里，以及将它们连接到什么，现在是时候讨论随iOS SDK发布的实际的控件了。

本章旨在提供所有的系统用户界面元素的概述。设计人员应密切关注苹果公司如何定义标准控件的预期行为和标准元素的使用。在适当情况下，本章将阐述由人机接口指南定义的对系统提供的用户界面控件的具体使用方法。如果不遵守这些准则，可能会导致被 iTunes App Store 拒绝的后果。

我们将在第三篇中详细讨论如何自定义 UI 元素。

警告对话框和操作表

警告对话框和操作表是用来提示用户特殊的输入，或引起用户注意某某细节的临时视图。当一个警告对话框或操作表是可见时，所有与您的应用程序的交互被禁用。警告对话框显示在屏幕的中心，操作表从屏幕底部每行显示一个按钮。iOS 自动播放这些视图显示和消失的过渡动画。

> **开发者注意事项**
>
> 当您的应用程序进入后台处理，UIAlertView和UIActionSheet不会自动关闭。如果你的程序是在有后台处理功能的设备上运行，你应该在你的应用程序的委托中实现applicationDidEnterBackground UIActionSheets:（UIApplication*），以编程方式关闭任何UIAlertView或者UIActionSheet。

警告对话框

警告对话框 UIAlertView，给用户提示了当前任务或者应用程序更多的信息。警告对话框由标题、正文和一个按钮数组组成。

图6.1 UIAlertView 构造

1 标题

2 正文

3 控制按钮

请记住，UIAlertView 会中断用户的工作流程。为了获得最佳的用户体验，不要过量使用 UIAlertView。它们用来吸引用户的注意力非常有用，如 Internet 连接，或者消息提示，但过度使用警告对话框将减少它们在应用程序中的重要性，减缓工作流程。相反，尽量使用普通的 UIView 设计一个优雅的方式来与用户沟通。

设计师注意事项

您不能修改UIAlertView的外观或位置。在UIAlertView中总是以iOS用户习惯的蓝色玻璃样式显示在屏幕中心。这可以确保在整个iOS平台的一致性，但对设计师提出了挑战。如果您需要以对话框显示一个简单的消息（如下载或连接），并希望它符合您的应用程序风格，那么考虑设计一个自定义的UIView而不是使用UIAlertView。

使用指南

一般来说，当使用 UIAlertView 时，你应该遵循苹果的人机接口指南所列的标准。

- **标题**：标题应该简短，有描述意义，往往是一个句子的片段。避免单字标题或者是占用多行的很长的句子。最后，所有的标题应该简洁，大多数单词第一个字母是大写（译注：中文标题没有大小写的区别）。一些优秀的例子例如“新短信”或“无互联网连接”。拙劣的例子是“你有一个新的文本信息”或“这里没有互联网连接”。
- **消息体**：消息体应该是一行或者两行句子，每个句子的第一个字母大写。如果你有很长的消息，iOS会自动使用白色背景黑色文本的UIScrollView替换消息体的文字标签。滚动警告视图是很差的用户体验，并应尽量避免，因此要尽量保持您的消息体简单和扼要。
- **按钮**：UIAlertView至少有一个默认按钮。按钮可以有两种颜色，浅色和深色。始终使用动词或者行动短语，如回复、取消，或者给按钮使用“添加联系人”文本。避免使用“是”和“不”作为选择项，而是使用确定和取消代替。

UIAlertView 可以有多个按钮，但它至少需要一个。两个按钮是首选，让用户在两个相对的行为之间做选择。使用两个以上的按钮，可能会给您的工作流程添加不必要的复杂性，使用户读取和响应显示的信息变得困难。

小窍门

如果你需要给用户多余两个的选项，考虑使用操作表，下一节就会讲述。

当显示的警告视图执行危险或破坏性行为时，应在右边放置浅色取消按钮，在左边放置深色 OK 按钮。如果警告视图提示建设性的行为时，应在右边放置一个浅色 OK 按钮，在左边放置深色的取消按钮。该惯用法有助于防止没有仔细阅读对话框的用户错误地选择一种破坏性的选择。

注意事项

左边的按钮总是深色的，代表负面行为，类似注销或取消。右边的按钮总是浅色，代表正面行动，例如确定或者下载。

获取代码

请访问fromideatoapp.com/download/example#kitchensink下载演示UIAlertView的示例项目。

操作表

操作表向用户显示一组选项，每行一个按钮，选项数量通常比警告表多。类似于警告表，操作表在 iPhone 和 iPod touch 上占据全屏幕并且阻止其他的输入，而在 iPad 上显示在上一章提到的 UIPopoverController 里。在 UIPopoverController 外点击只是隐藏这个视图。

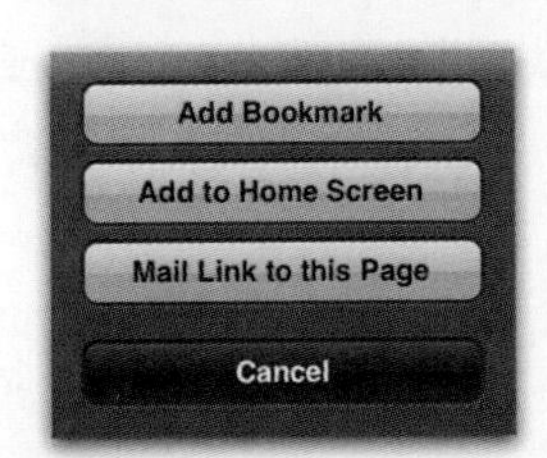

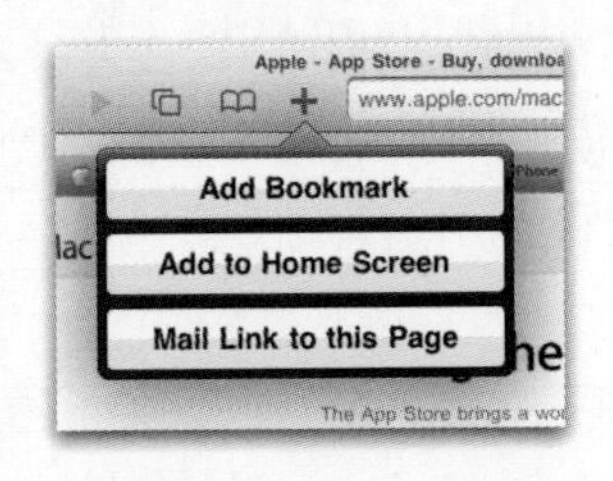

图6.2 iPhone（左）和iPad（右）上的操作示例

操作由标题和一个按钮数组构成。这些按钮数组中，你需要定义一个类似取消的按钮，以及一个表示“确认、继续”的按钮。“取消”按钮使用深灰色，而“确认”、“继续”按钮使用红色。

UIActionSheet 的整体样式可以使用以下的四个选项来配置属性 actionSheetStyle：

- UIActionSheetStyleAutomatic；
- UIActionSheetStyleDefault；
- UIActionSheetStyleBlackTranslucent；
- UIActionSheetStyleBlackOpaque。

使用指南

操作表指导用户的工作流程。警告表通常是显示信息，而操作表为完成任务提供了选择。

当在 iPhone 上使用操作表时，必须要提供取消的操作。而在 iPad 上则不是必需的，因为只要在操作表的界外点击就会关闭 UIPopoverController。然而在 iPhone 上，操作表是模态的，会阻止用户一切其他的输入。

注意事项

在 iPad 上也可以在一个现有的 UIPopoverController 中显示操作表。在这种情况下，操作表相当于把这个 UIPopoverController 当作一个独立的 iPhone 屏幕使用，从 UIPopoverController 的底部滑出操作表。如果你以这种方式实现操作表，一定要给用户一个取消的按钮。

获取代码

请访问fromideatoapp.com/download/example#kitchensink下载包含UIActionSheet的示例项目。

指示器

UIControl 不仅能用来收集输入，还可以向用户反馈信息。指示器用来向用户反馈进度或者一般的信息。iOS 有 3 个常用的指示器，见表 6.1。

表6.1　指示器类型

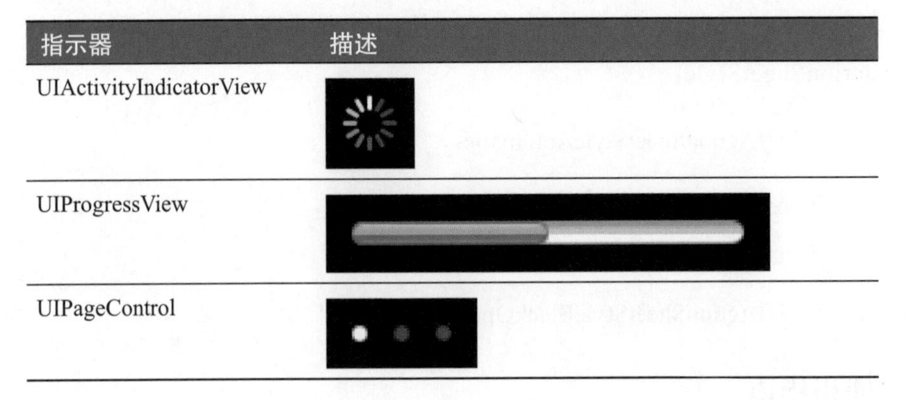

指示器	描述
UIActivityIndicatorView	
UIProgressView	
UIPageControl	

UIActivityIndicatorView

它更常用的叫法是 spinner，UIActivityIndicatorView 表明你的应用程序正在工作中。在执行一项长时间的任务时不能不给用户提供反馈信息。使用 UIActivityIndicatorView，可以自动产生三种样式的风火轮：

- UIActivityIndicatorViewStyleWhiteLarge；
- UIActivityIndicatorViewStyleWhite；
- UIActivityIndicatorViewStyleGray。

你可以使用 startAnimating 和 stopAnimating 函数控制 UIActivity-IndicatorView。

```
1  UIActivityIndicatorView *spinner = [[UIActivityIndicatorView alloc]
       initWithActivityIndicatorStyle:UIActivityIndicatorViewStyleGray];
2  [self.view addSubview:spinner];
3  [spinner startAnimating];
4  /* 执行某个很耗时的任务*/
5  [spinner stopAnimating];
```

不要向用户显示不播放动画的 UIActivityIndicatorView，因为它标志着僵死或停止行为。需要注意的是活动指示器不能显示进度，只能表示正在执行一些动作（以及你的应用程序并没有僵死）。如果你的应用程序正在执行任务是可预测的，并且反馈对用户很有用，那么可以考虑使用进度条代替活动指示器。

UIProgressView

进度条是一个简单的指示器，它可以表示一项任务用了多少时间，以及还剩下多少时间。在 iOS 自带的 Mail 应用程序中下载新的邮件时，你可以看到进度条的例子。

UIProgressView 有两种样式：

- UIProgressViewStyleDefault
- UIProgressViewStyleBar

UIPageControl

UIPageControl 用来显示并列的屏幕或者页面数量，以及当前选择的屏幕。UIPageControl 通常结合 UIScrollView 使用，并把 UIScrollView 的 pagingEnabled 属性设置为 YES。UIPageControl 的例子可以在 iOS 自带的天气应用程序里看到。UIPageControl 只需要配置页面数量以及当前选择的页面就可以了。

图6.3 UIPageControl 例子

控件和按钮

UIControl 是 UIView 的一个特殊子类。UIControl 类定义了 UI 元素的基本交互接口，比如按钮和滑动条。每个 UIControl 对象对特定的事件有一个目标行为。UIControl 可以对 UIControlEvent 定义的事件作出反应：

- UIControlEventTouchDown；
- UIControlEventTouchDownRepeat；
- UIControlEventTouchDragInside；
- UIControlEventTouchDragOutside；
- UIControlEventTouchDragEnter；
- UIControlEventTouchDragExit；
- UIControlEventTouchUpInside；
- UIControlEventTouchUpOutside；
- UIControlEventTouchCancel；
- UIControlEventValueChanged；
- UIControlEventEditingDidBegin；
- UIControlEventEditingChanged；
- UIControlEventEditingDidEnd；
- UIControlEventEditingDidEndOnExit。

注意事项

在构建你的应用程序时，把 UIControl 特定事件的目标行为放在与该 UIControl 父视图相关联的 UIViewController 类中，这将有助于保证模型—视图—控制器架构，并保持你的代码的模块化。

获取代码

请访问 fromideatoapp.com/download/example#kitchensink 下载包含接下来章节讲到的所有UIControl的示例项目。

系统提供的按钮

苹果公司创建了各种默认按钮样式来进行常用的 UI 任务。这些按钮样式可以用在标签栏、工具栏或导航栏。使用系统提供的按钮样式可以加快开发时间，并在众多的 iOS 应用程序里保持一致性。但是，如果你以奇怪的方式使用系统提供的按钮，你的应用程序可能会因为违反苹果的人机接口指南而遭拒绝。

苹果公司不直接向你提供系统按钮样式中使用的图像资源。不过，按钮创建 API 允许你使用一个按钮样式常量来设计按钮。例如，参考下面的代码块：

```
1  UITabBarItem *t = [[UITabBarItem alloc]
       initWithTabBarSystemItem:UITabBarSystemItemSearch tag:0];
```

代码中，我们使用系统的 UITabBarSystemItemSearch 样式常量创建了新的 UITabBarItem。

系统提供的工具栏按钮

表 6.2 描述了在 iOS 可用的系统提供的工具栏按钮。请记住，只需要根据特定的含义使用它们。大多数系统提供的工具栏按钮有一个普通的样式或者一个边框样式。

图6.4 工具栏按钮的普通样式和边框样式

表6.2 系统提供的工具栏按钮

名称	按钮	含义
UIBarButtonSystemItemDone	Done	退出或者关闭当前视图并且保存修改
UIBarButtonSystemItemCancel	Cancel	退出或者关闭当前视图但不保存修改
UIBarButtonSystemItemEdit	Edit	当前视图进入编辑模式，允许用户编辑或者操作内容

续表

名称	按钮	含义
UIBarButtonSystemItemSave	Save	保存当前视图的修改并且结束编辑状态。不要使用保存按钮关闭视图，而是要使用完成按钮
UIBarButtonSystemItemUndo	Undo	撤销最后一次的动作（从iOS 3.0开始可用）
UIBarButtonSystemItemRedo	Redo	重做最有一次的撤销（从iOS 3.0开始可用）
UIBarButtonSystemItemPageCurl		触发当前视图翻页动画，例如系统自带的地图应用程序。不要使用该按钮触发任何其他的动画，例如翻转动画
UIBarButtonSystemItemCompose		显示新的视图或者操作表以便编辑新的消息
UIBarButtonSystemItemReply		显示新的视图或者操作表以便响应屏幕上的对象
UIBarButtonSystemItemAction		打开一个操作表，向用户显示应用程序相关的行为
UIBarButtonSystemItemOrganize		把一个项目移动到新的地点，例如移动收件箱里的邮件
UIBarButtonSystemItemBookmarks		显示应用程序相关的书签
UIBarButtonSystemItemSearch		打开或者显示搜索相关的视图
UIBarButtonSystemItemRefresh		重新加载当前视图的信息
UIBarButtonSystemItemStop		停止屏幕上或者后台当前的处理或者任务
UIBarButtonSystemItemCamera		打开操作表显示相机模式下标准的照片选择器（允许拍照）

续表

名称	按钮	含义
UIBarButtonSystemItemTrash		从当前视图中删除或者移除当前的项目
UIBarButtonSystemItemPlay		开始回放
UIBarButtonSystemItemPause		暂停回放
UIBarButtonSystemItemRewind		快倒播放
UIBarButtonSystemItemFastForward		快进播放

系统提供的标签栏按钮

表 6.3 描述了在 iOS 可用的系统提供的标签工具栏按钮。请记住，只需要根据特定的含义使用它们。

表6.3 系统提供的标签工具栏按钮

名称	按钮	含义
UITabBarSystemItemMore	More	显示额外的标签工具栏按钮项。当UITabBarController包含5个以上的UITabBarItem时，iOS会自动包含一个“More”按钮
UITabBarSystemItemFavorites	Favorites	显示用户的最爱
UITabBarSystemItemFeatured	Featured	显示应用程序相关的特色项目
UITabBarSystemItemTopRated	Top Rated	显示应用程序相关的排行榜项目
UITabBarSystemItemRecents	Recents	显示最新的项目或者用户最近的操作

续表

名称	按钮	含义
UITabBarSystemItemContacts	Contacts	显示联系人，可以是你的应用程序本地的，也可以是访问用户的iOS通讯录
UITabBarSystemItemHistory	History	显示用户的历史行为记录列表
UITabBarSystemItemBookmarks	Bookmarks	显示应用程序相关的书签
UITabBarSystemItemSearch	Search	显示你的应用程序中的搜索视图
UITabBarSystemItemDownloads	Downloads	显示应用程序相关的最近下载
UITabBarSystemItemMostRecent	Most Recent	显示最新的项目
UITabBarSystemItemMostViewed	Most Viewed	显示你的应用程序中最受用户欢迎的项目

注意事项

在您的应用程序中一致性地使用 UI 元素。这不仅在你设计和开发的多个应用程序中改善了用户体验，同时也改善了 iOS 的整体用户体验。关于一致性使用 UI 元素更重要的信息，请访问 fromideatoapp.com/reference#consistent 并参考苹果公司的人机接口指南。

UIButton

UIButton 是 UIControl 最简单的一个实现。本质上，UIButton 是一个矩形区域（在父类 UIView 中定义），在其上能响应 UIControlEvent 事件。有四种主要的按钮类型：圆角矩形、Info、Detail Disclosure，以及 Add Contact。第五种叫做自定义按钮 UIButtonTypeCustom，创建一个没有类型和样式的按钮，让你设计自己的自定义按钮。

注意事项

我们将在第 7 章“创建自定义图标、启动图像和按钮”讨论如何创建自定义按钮。

圆角矩形按钮

圆角矩形按钮 UIButtonTypeRoundedRect 是 iPhone 的自带的通讯录应用程序最常见的按钮。使用这种样式创建的按钮会显示一个 UILabel 子视图作为按钮的标题。这个 UILabel 居中显示，使用深蓝色粗体的系统字体。

图6.5 圆角矩形按钮从常规状态变成选中状态

开发者注意事项

给设置圆角矩形按钮设置属性时，比如设置标题，使用UIControl接口函数setTitle:(NSString*)title forState:(UIControlState)state, setImage:(UIImage*)image forState:(UIControlState)state等。为了设置默认值，则使用控件状态UIControlStateNormal。

设计师注意事项

设计按钮时，你可以选择给各种可用的UIControlState设计文本和样式。你可以利用正常、高亮、选中和禁用状态来设计按钮。

Info按钮

Info 按钮用来显示应用程序或者视图的详细信息、选项或者配置。Info 按钮通常使用翻转动画来显示新的视图。你可以选择使用浅色或者深色的 Info 按钮，但是不能设置它的标题。

图6.6　天气应用程序中的Info按钮

Detail Disclosure按钮

Detail Disclosure 按钮用来获取给定主题更多的信息，最常在 iPhone 的最近来电列表或者地图应用程序中见到这种按钮。

在 iPhone 自带的 Phone 应用程序中，选择最近来电列表中的一行，当你点击 Detail Disclosure 按钮，它不会进入下一层内容，而是显示这个来电的更多信息。

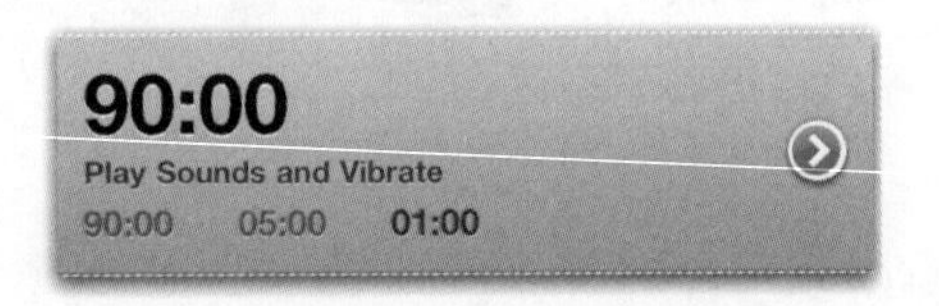

图6.7　UITableViewCell中的Detail Disclosure按钮

Contact Add按钮

当你在 iOS 自带的 Mail 应用程序中撰写电子邮件时，“To:”右边的按钮就是 Contact Add 按钮，点击它会打开通信录界面以便选择联系人。

图6.8　撰写电子邮件模态视图中的Contact Add按钮

选择器

选择器或者 UIPickerView 允许用户从一个任意列表中选择一个值。像一个转盘，列表里的项可以往上和往下滚动。选择器有固定的高和宽，应该始终填满屏幕的下半部。对 iPad 来说，必要时考虑把 UIPicker 放置在 UIPopoverController 里。

开发者注意事项

你可以通过实现UIPickerView数据源的 numberOfComponentsIn-PickerView: 和 pickerView:numberOfRowsInComponent来定义UIPickerView的“轮子”的数目。UIPickerView的委托和数据源工作原理类似于UITableView。当UIPickerView更新了一行数据，它会在委托函数中调用pickerView:titleForRow:forComponent:。

日期和时间选择器

日期和时间选择器或者UIDatePicker是UIPicker类的一个特殊实例。此时，UIPicker 特别设计成选择日期和时间。你可以使用下面的四种UIDatePickerMode 来配置 UIDatePicker。

- **时间**：选择小时、分钟以及AM/PM（例如2:45 AM）。

- **日期**：选择月份、日、年（例如 February 5, 2011）

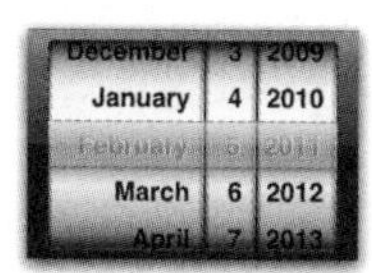

- **日期和时间**：选择日、小时、年以及AM/PM（例如Today, 2:45 AM）

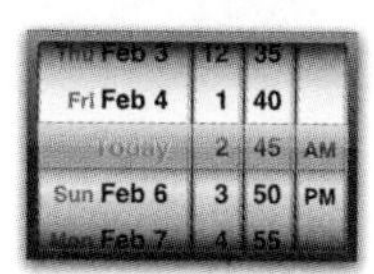

- **倒计时**：选择小时和分钟（例如3小时50分钟）。

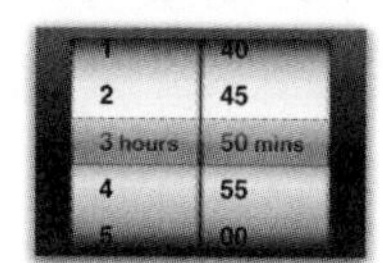

注意事项

所有的日期和时间选择器自动使用本地日期格式的偏好设置。

分段控件

分段控件是单选形式的选择器，类似于 UITabBarController 定义了一组按钮。按钮的数量和它们的尺寸决定了分段控件的宽度。此外，分段控件的高度是固定的。你可以从以下四个样式中选择一个或者定义 tintColor 属性来给分段控件添加样式。

- UISegmentedControlStylePlain: 分段控件默认的样式。

- UISegmentedControlStyleBordered: 有边框的分段控件样式。

- UISegmentedControlStyleBar: 较小的样式，通常用在UIToolbar中。使用该样式时可以使用tintColor属性来改变控件的颜色。

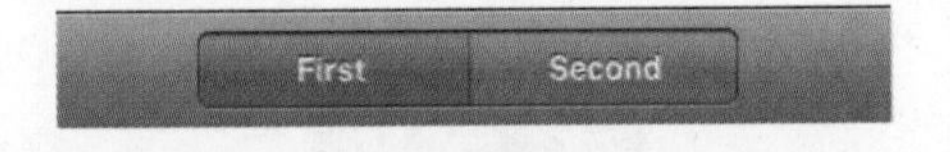

- UISegmentedControlStyleBezeled: 较大的bezeled样式。使用该样式时可以使用tintColor属性来改变控件的颜色。

开关

开关 UISwitch 用于选择布尔值。它必须要么是开要么是关，但是不能同时取这两个值。UISwitch 的文本始终是 On 或者 Off，并且不能改变。当用户点击 Switch，它会响应 UIControlEvent 的 UIControlEventValueChanged 事件。

滑动条

滑动条 UISlider 用于输入某个范围里的一个值。很像开关 UISwitch，当移动滑动条时它会响应 UIControlEvent 的 UIControlEventValueChanged 事件，让你有机会实时改变滑动条的值。任何 iOS 设备的屏幕明暗度设置里都有 UISlider 的例子。

图6.9　UISwitch的例子

图6.10　UISlider的例子

小窍门

如果你不需要实时根据滑动条的位置改变你的应用程序（例如在游戏中使用滑动条选择难度等级），可以通过把 continuous 属性设置为 NO，这样的话 UISlider 只会在滑动条停止移动时才发送 UIControlEventValueChanged 事件。

文本域

文本域 UITextField 用来从用户接收一行文本。除了字体大小和颜色，还可以使用四种样式：UITextBorderStyleNone、UITextBorderStyleLine、UITextBorderStyleBezel、UITextBorderStyleRoundedRect 来给 UITextField 添加样式。

小窍门

可以使用 hintText 属性在文本域显示灰白色字体的默认文本或者示例文本。当用户点击文本域，该文本自动消失。

此外，当用户点击 UITextField，一个软键盘会自动显示在屏幕上。为了提高用户体验，你可以给每个 UITextField 配置键盘的显示样式：

- UIKeyboardTypeDefault；
- UIKeyboardTypeASCIICapable；
- UIKeyboardTypeNumbersAndPunctuation；
- UIKeyboardTypeURL；
- UIKeyboardTypeNumberPad；
- UIKeyboardTypePhonePad；
- UIKeyboardTypeNamePhonePad；
- UIKeyboardTypeEmailAddress。

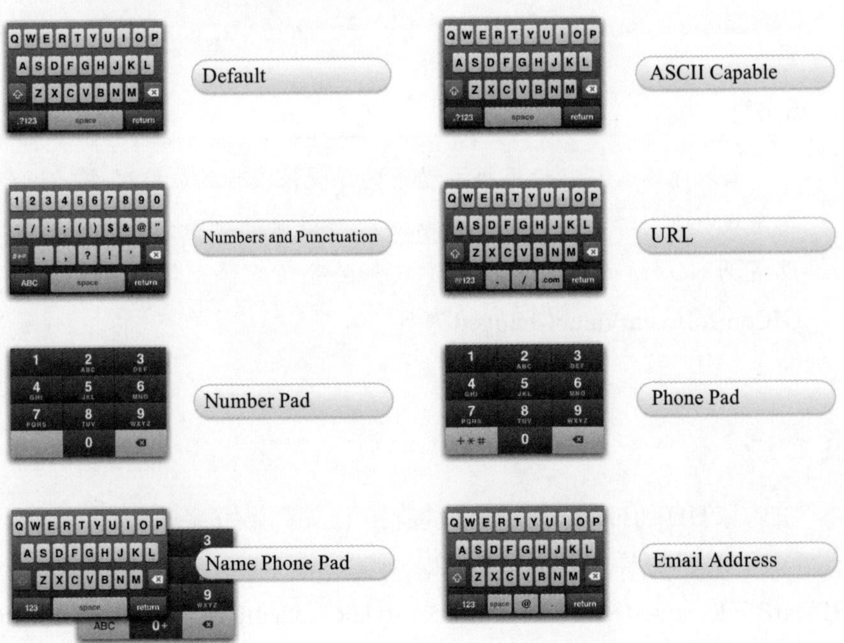

图6.11 各种键盘样式

基础

在前面的蓝本中，我们创建了一个叫做“Hello, World!”的示例项目。这是为了让你适应使用 Xcode 创建和配置 iOS 新项目的彩排。现在我们将要创建一个新的项目，并且在本书的后面章节都会使用它。使用你在“Hello, World！”蓝本中学到的方法，创建一个 window-based 项目，并且把项目名命为“FI2ADemo”。

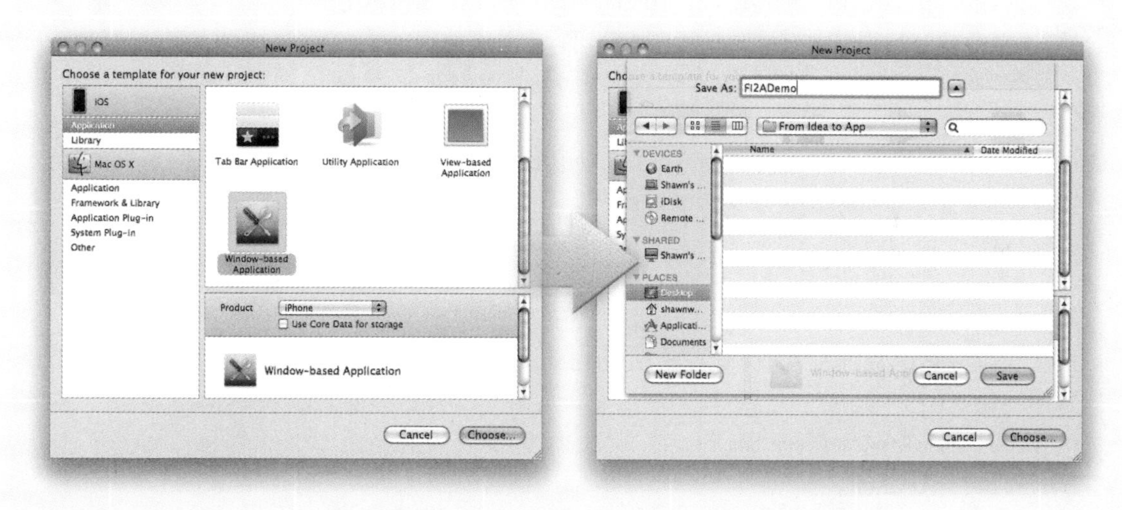

本蓝本中，我们将会创建刚学会的两个 UIViewController 的不同子类的对象。具体来说，我们创建一个 UITabBarController，并使用两个选项卡，每个选项卡显示一些 UI 元素。这样做需要以下步骤。

（1）为每个选项卡配置一个 UIViewController。

（2）给每个 UIViewController 添加不一样的 UI 元素。

（3）将 UI 控件连接到控制器。

（4）使用我们创建的 UIViewController 创建 UITabBarController。

创建UIViewController

首先是为每个选项卡配置一个 UIViewController。像之前的蓝图一样，我们在应用程序委托的 applicationDidFinishLaunching 方法中添加代码。这里的应用程序委托位于文件 FI2ADemoAppDelegate.m 中。

下面的代码块创建了两个 UIViewController（分别对应一个选项卡），并且把与之关联的视图设置成不同的颜色（从而我们知道何时选项卡切换了）。请记住 UITabBarController 为 UITabBarItem（标签图标和文本）引用视图控制器。当我们设置完 UIViewController 后，再把它们的选项卡图标设置为系统自带的图标样式。

```
1   // 创建第一个选项卡的视图控制器
2   // 把第一个选项卡背景色设置成淡灰色
3   UIViewController *tab1 = [[UIViewController alloc]
       initWithNibName:nil bundle:nil];
4   tab1.view.backgroundColor = [UIColor lightGrayColor];
5
6   // 创建一个新的选项卡项(UITabBarController 图标)
7   // 使用系统自带的图标样式“featured”
8   // 把新的选项卡项设置为第一个选项卡
9   // 我们不再需要tbil，清理内存
10  UITabBarItem *tbi1 = [[UITabBarItem alloc]
       initWithTabBarSystemItem:UITabBarSystemItemFeatured
       tag:0];
11  [tab1 setTabBarItem:tbi1];
12  [tbi1 release];
13
14  // 创建第二个选项卡的视图控制器
15  UIViewController *tab2 = [[UIViewController alloc]
       initWithNibName:nil bundle:nil];
16
17  // 创建一个新的选项卡项(UITabBarController 图标)
18  // 使用系统自带的图标样式“favorites”
```

```
19 // 把新的选项卡项设置为第二个选项卡
20 // 我们不再需要tbil，清理内存
21 UITabBarItem *tbi2 = [[UITabBarItem alloc]
      initWithTabBarSystemItem:UITabBarSystemItemFavorites tag:0];
22 [tab2 setTabBarItem:tbi2];
23 [tbi2 release];
```

为每个选项卡添加UI控件

在第二篇“iOS 用户界面基础”中我们学到视图层级，以及添加子视图 UIView。最终，我们刚才创建的 UIViewController 的视图将会作为子视图添加到 UITabBarController。不过我们先要往这些控制器的视图中添加一些 UI 元素。

在第 6 章中，我们学习了方便用户输入和向用户反馈信息的不同 UI 元素。首先我们需要在 FI2ADemoAppDelegate.h 文件中设置一些控件，以便之后在控制器方法中引用它们。

```
1  #import <UIKit/UIKit.h>
2
3  @interface FI2ADemoAppDelegate : NSObject <UIApplicationDelegate> {
4      UIWindow *window;
5      UITextField *input;
6      UILabel *label1;
7  }
8
9  @property(nonatomic,retain) IBOutlet UIWindow *window;
10
11 @end
```

第 5 行和第 6 行添加了两个新对象：名称为 input 的 UITextField 和名称为 label1 的 UILabel。我们将在控制器方法中使用这些对象。

下面的代码块将在第一个选项卡里创建和添加一个文本域和一个文本标签。我们将稍后连接这些 UI 元素到我们的控制器。此时我们仅仅把它们当作子视图加入第一个选项卡的视图里。

```
1  // 使用frame (x,y,width,height)创建UITextField类实例input
2  // 设置文本域为圆角矩行样式
3  // 把文本域添加到tab1的视图里
4  input = [[UITextField alloc]
      initWithFrame:CGRectMake(20, 20, 280, 30)];
5  input.borderStyle = UITextBorderStyleRoundedRect;
6  [tab1.view addSubview:input];
7
8  // 创建一个圆角矩形样式的按钮
9  // 设置按钮的frame (x,y,width,height)
10 // 设置按钮正常状态的文本
11 // 设置按钮正常状态的文本
12 UIButton *button = [UIButton buttonWithType:UIButtonTypeRoundedRect];
13 button.frame = CGRectMake(20, 70, 280, 40);
14 [button setTitle:@"Set Text" forState:UIControlStateNormal];
16 [tab1.view addSubview:button];
17
18 // 使用frame (x,y,width,height)创建一个文本标签
19 // 设置文本标签的文本居中显示
20 // 把文本标签添加到tab1的视图里
21 label1 = [[UILabel alloc]
      initWithFrame:CGRectMake(20, 120, 280, 40)];
22 label1.textAlignment = UITextAlignmentCenter;
23 [tab1.view addSubview:label1];
```

接下来，我们在第二个选项卡里添加一个 spinner（UIActivityViewIndicator）和一个文本标签（UILabel）。正如上面的代码块，这里我们创建这些对象然后作为子视图加入到第二个选项卡的视图里。

```
1  // 创建大型白色样式的spinner
2  // 把spinner的中心点设置为tab2视图的中心点，
3  // 这将把spinner放置在屏幕的中心
4  // 开始播放spinner动画（使它旋转）
5  // 把spinner作为子视图添加到tab2的视图里
6  UIActivityIndicatorView *spin = [[UIActivityIndicatorView alloc]
      initWithActivityIndicatorStyle:
         UIActivityIndicatorViewStyleWhiteLarge];
7  spin.center = tab2.view.center;
8  [spin startAnimating];
9  [tab2.view addSubview:spin];
10
11 // 使用frame (x,y,width,height)创建一个文本标签
12 // 设置文本标签的文本居中显示
13 // 把文本标签添加到tab2的视图里
14 UILabel *label2 = [[UILabel alloc]
      initWithFrame:CGRectMake(20, 280, 280, 40)];
15 label2.textAlignment = UITextAlignmentCenter;
16 label2.text = @"Loading...";
17 [tab2.view addSubview:label2];
```

注意事项

如果你现在运行这个项目，只会看到白色的屏幕。虽然我们已经创建了视图控制器，并且也把 UI 元素加入到这些视图控制器的视图里，但是我们还没有给主窗口添加任何子视图。

连接UI控件和控制器

第一个选项卡里已经有一个文本域、一个按钮和一个文本标签。我们想要当用户按下按钮时，文本域中的值设置成文本标签的值。

使用 iOS 的一个好处是可以从标准类派生子类，从而创建自定义的版本。牢记模型—视图—控制器设计模式，这使得我们能够隔离控制和显示。就这个例子而言，我们可以隔离每个选项卡使用的控制器。

然而，我们还没有学习如何自定义 UIViewController。所以，现在我们的UI元素唯一可以连接的控制器就是应用程序委托。(我们将在第三篇“设计 iOS 自定义用户界面对象”中学习如何从 UIViewController 派生子类)。为了使用应用程序委托作为按钮的控制器，我们给按钮添加一个行为，并且把该行为的目标设置成“self”。因为是在应用程序委托中实现该行为，“self”意味着当按钮按下时，iOS 将会调用应用程序委托里的行为的方法。

我们在应用程序委托的头文件（FI2ADemoAppDelegate.h）紧接着窗口属性的声明下面声明我们的方法。

```
1   #import <UIKit/UIKit.h>
2   @interface FI2ADemoAppDelegate : NSObject <UIApplicationDelegate> {
3       UIWindow *window;
4       UITextField *input;
5       UILabel *label1;
6   }
7
8   @property(nonatomic,retain) IBOutlet UIWindow *window;
9
10  // 声明我们的按钮的按下方法
11  - (void)changeText:(id)sender;
12
13  @end
```

上面的代码块是我们的 FI2ADemoAppDelegate.h 文件的示例。注意第 11 行声明了一个新的方法 changeText，参数是 sender。这是按钮按下时我们要调用的方法。

接下来，在 FI2ADemoAppDelegate.m 文件里，我们指示当按钮按下时要执行什么操作。只需要一行代码：

```
1 // 给我们按钮添加一个行为
2 // 设置target为self，
3 // 这是我们实现该行为的地方
4 // 设置行为调用方法changeText:
5 // 为“触摸里面”事件调用该行为
6 // 当手指在按钮内抬起时调用
7 [button addTarget:self
            action:@selector(changeText:)
   forControlEvents:UIControlEventTouchUpInside];
```

最后，我们在应用程序委托里实现 changeText 方法，把文本标签的文本设置成文本域中的文本。不像上面的代码，这下面这段代码是在 applicationDidLaunch 方法之外。把下面这段代码加入到 FI2ADemoAppDelegate.m 文件，紧接着 applicationDidLaunch 方法的右花括号（}）之后。

```
1 - (void)changeText:(id)sender{
2     label1.text = input.text;
3     [input endEditing:YES];
4 }
```

当按钮按下时,方法 changeText 将会被调用。我们简单获取 input 的值，然后赋值给 label1。第 3 行，我们指示 input 结束编辑，从而会关闭打开的软键盘。

创建UITabBarController

我们已经创建了UIViewController，添加了UI元素，并且设置了这些元素。因为每个选项卡的图标已经在各自的视图控制器中定义了，现在我们只需要创建选项卡工具栏，并且把其视图添加到主窗口。

```
1 // 创建选项卡工具栏控制器
2 // 设置选项卡工具栏的选项卡控制器
3 // 为我们的视图控制器tab1和tab2
4 // 把我们的选项卡工具栏控制器作为子视图
5 // 加入到主窗口
6 UITabBarController *tabBar = [[UITabBarController alloc]
     initWithNibName:nil bundle:nil];
7 [tabBar setViewControllers:
     [NSArray arrayWithObjects:tab1,tab2,nil]];
8 [self.window addSubview:tabBar.view];
```

完成了！在Xcode里点击Build and Run按钮，或者从Xcode菜单里选择Build > Build and Run运行项目。

获取代码

请访问 fromideatoapp.com/downloads/blueprints 下载FI2ADemo的所有项目文件。

第三篇

设计自定义iOS用户界面对象

第7章

创建自定义图标、启动图像和按钮

每个应用程序至少应该有一些自定义的艺术作品。这实际上是在苹果的人机接口指南里找到的原则之一。创建良好的用户体验的关键因素之一是高品质的图形。当然，你可以不使用系统提供的按钮和控件，而是通过创建自己的图像资源，并利用强大的iOS，你可以制作出一个优秀且充满个性的应用程序。

苹果公司为自定义 iOS 用户界面建立了卓越的基础。至此，我们已经学习了各种系统输入、按钮和控件。现在，我们将学习如何自定义 iOS UI 元素和创建更高级的五星级应用程序。在上一章中我们介绍了所有的系统提供的按钮和控件。这里，我们将着重于使用 iOS 系统提供的 API 方法，创建应用程序图标、启动图像以及按钮。我们将讨论创建这些 UI 元素所需要的文件的文件类型和尺寸，当然，你还需要准备自己的图像资源。

应用程序图标

应用程序图标已经成为了iOS生态系统的重要组成部分。你的图标在iTunes App Store代表了你的应用程序，以及在设备上识别你的应用程序。我们把所有屏幕找了个遍，心中想象那踏破铁鞋都没找到的应用程序它的图标是啥样。用户通常是通过图标知道你的应用程序的——实际上是你的应用程序的主要品牌媒介——所以你得多花一些时间来想想怎么样做出最好的应用程序图标。

图7.1 iTunes和iPhone里的应用程序图标

应用程序的图标应该是简单而富于创造性。对新用户而言，图标是你的应用程序的第一印象。因此选择图像来表示你的应用程序时，要考虑质量和一致性。当设计你的应用程序图标时，不要包括价格，或者像“免费”或“出售”的这样的词。在适当情况下，您可能会用“lite”这个词来标识这是个功能有限制的版本。

注意事项

虽然iOS开发没有要求，但是建议您使用例如Adobe Photoshop或Gimp照片编辑软件为您的应用程序制作高品质的图像。请访问fromideatoapp.com下载本书例子中使用的图像资源。并在kelbytraining.com网站查找培训书籍，或者访问peachpit.com网站，它是Kelby Training的在线网上培训网站，寻找高级图像制作培训。

应用程序图标规格

你的应用程序图标将在 iOS 设备的两个地方用到：主屏幕，用来启动程序的地方；以及 Spotlight 搜索结果里。构建你的应用程序时，最好是为每个场合提供一个优化过的文件。

苹果公司推荐所有的图标图像文件使用 PNG 文件（.png）。此外，必须是 90° 角的正方形图像，并且不能使用任何透明色。表 7.1 列出了 iOS 图标的尺寸和命名约定。

表7.1 应用程序图标的尺寸

属性	尺寸（像素）	命名约定	例子
Default*	57 × 57	Icon.png	PSW
Default Search	29 × 29	Icon-Small.png	PSW
Retina Display	114 × 114	Icon@2x.png	PSW
Retina Display Search	58 × 58	Icon-Small@2x.png	PSW
iPad	72 × 72	Icon-72.png	PSW
iPad Search	50 × 50	Icon-Small-50.png	PSW

* 表示是必需的图标。推荐提供所有其他的图标，因为你的应用程序可能会运行在相应的硬件设备上。

当你向 iTunes Connect 上传你的应用程序时，你还需要提供一个高分辨率（512×512）的应用程序图标文件。苹果公司使用这个高分辨率的版本来在 iTunes 和 iTunes App Store 代表你的应用程序。出于这个原因，最好是在 512×512 以上的分辨率设计你的应用程序图标，然后缩小它来为所需要的图标创建相应的大小的图像文件。

注意事项

几种应用程序图标不必要完全相同，但是它们应该相似。举个例子，如果你的应用程序是 universal 的，这意味着它将运行在 iPhone 和 iPad 上，你可以使用为这两个设备使用稍微不同的应用程序图标。但是你不应该在图标上做明显的改变。不然可能会因为违反人机界面指南而被 iTunes App Store 拒绝。

设计师注意事项

由于制作多个图标文件就是如此常见的任务，我创建了一个Photoshop脚本，基于单一的512×512图标文件可以自动创建所有6个尺寸的图标（并相应的命名它们）。请访问fromideatoapp.com/download#PSactions下载这个和在iOS设计中使用的其他Photoshop脚本。

请注意前面的例子中的应用程序图标都是正方形的边，并且没有 iOS 应用程序图标的光泽效果。当设计应用程序图标时，很重要的一点，那就是不要添加这些效果。iOS 会自动给应用程序图标添加圆角和高光效果，从而它们和 App Store 里面的应用程序保持一致。

开发者注意事项

当配置你的应用程序信息属性列表文件（.plist）时，你可以选择添加值“Icon already include gloss effects”。如果设置这个值为true，iOS将不会给应用程序图标添加所谓的高光效果。这对那些不需要高光效果的应用程序图标非常有用，例如iPhone自带的设置应用程序、地图应用程序以及日历应用程序。

启动图像

我们生活在第一印象的世界里。用户会在第一秒内形成对你的应用程序的看法。当用户开始使用你的应用程序，首先呈现在他们视野的是应用程序启动时的画面。用户通常都急于开始使用应用程序，所以要留心，这个图像可能会成为障碍。当然每次启动这也是一个介绍应用程序的机会，这次你可以使用比应用程序图标更多像素的图像。

如果你的应用程序是免费的，尤其如此。免费软件被删除的速度比付费软件快得多，因为用户只是愿意尝试一下，如果他们不喜欢的话，他们知道删除它而不会浪费一个铜板。但是如果付费购买了应用程序，人们通常更愿意给你的应用程序更多的机会。因此，考虑到这一点，使用一个适当的启动图像吊住你的用户的胃口就显得非常重要了。

幕后发生的事情是当你的应用程序启动时，iOS 在较短的时间内显示一个应用程序信息属性列表文件（.plist）里指定的启动图像。从技术角度来看，这样做使用户可以立即得到反馈，知道你的应用程序已经启动，而此时 iOS 正在后台加载一些必要的资源。一旦这些资源加载妥当，启动图像消失，而你的用户界面显示出来。

如同应用程序图标，基于不同的启动条件，你可以选择提供多个启动图像（见表 7.2）。对于 iPhone，你可以为标准的 iPhone 显示屏，或 retina 显示屏单独提供启动图像。对于 iPad，你可以为不同设备方向定义不同的启动图像。（特定定向的启动图像在 iOS4.2 版本的 iPhone 上不可用。）

表7.2 启动图像规格

使用条件	尺寸（像素）	命名约定
Default	320×480	Default.png
Retina显示屏	640×960	Default@2x.png
iPad竖屏模式	768×1004	Default-Portrail-ipad.png
iPad 横屏模式	1024×748	Default-Landscape-ipad.png

注意事项

启动图像的命名约定还支持 LandscapeLeft 和 LandscapeRight。[文件名]-[方向]-[缩放]-[设备].png 是命名约定的模式。

图7.2　iPad竖屏和横屏模式的启动图像

自定义UI按钮

设计个性的用户体验涉及为你的应用程序建立独特的感觉，为了建立这种感觉，你需要开始自定义 UI 元素。

当你创建自定义 iOS 按钮时，你会遇到三个和按钮相关的类：UITabBarItem、UIBarButtonItem 和 UIButton。我们已经讨论过如何使用系统默认样式的按钮，现在我们将要讨论如何使用图像和文字创建自定义的按钮。

当创建自定义按钮，请记得要在应用程序中保持整体一致性。因为你可能想要混用自定义 UI 和系统的 UI 元素，所以你应该使用系统 UI 元素一样的字体样式和阴影的类型。

简而言之，你自定义的 UI 应该遵循以下的准则。

- 采用从上到下的光源。阴影和渐变应该表现得好像在屏幕正上方有一个光源。
- 选择Helvetica字体，这是iOS UI元素默认的字体。
- 不要使用会混淆系统提供的按钮风格的图像。

- 因为你的应用程序可能会同时运行在标准的和高分辨率的retina显示屏上，使用我们在第3章“物理硬件”中讨论过的命名约定来提供你的图像资源。

UITabBarItem

我们在第 5 章“用户界面控制器和导航”中讨论过，UITabBarItem 用来标识 UITabBarController 的一个选项卡。当使用系统的 UITabBarItem，你将发现当选项卡没有选中时它有白到灰的渐变效果，当选项卡选中时则是白到蓝的渐变效果。当你创建自定义的 UITabBarItem 时，你应该模拟这个效果。幸运的是，非常容易做到。

UITabBarItem 可以使用自定义的图像和标题文本来初始化，当加载到 UITabBarController 时，UITabBarItem 只把你图像的 alpha 通道注册，然后自动添加你在系统提供的按钮看到的渐变效果。这意味着当设计自定义 UITabBarItem 时，你只需要创建一个按钮轮廓的纯色的透明 PNG 图像。对于标准分辨率的显示屏 UITabBarItem 图像应该大约 30×30，而对于高分辨率 retina 显示屏则是 60×60 像素大小。选中和没选中状态有系统自动处理。

图7.3 使用透明色的PNG图（左）用于UITabBarItem（右）

下面的示例代码使用名为“homescreen”的图像和标签文本“Home”创建了一个自定义 UITabBarItem。假设我们的应用程序包里已经包含了 homescreen.png 和 homescreen@2x.png。

```
1  UITabBarItem *b = [[UITabBarItem alloc] initWithTitle:@"Home"
                                                   image:@"homescreen"
                                                     tag:0];
```

小窍门

在iOS 4.0以及以后的版本，image参数不需要包含.png文件后缀名。但是在较早的iOS版本，必须要包含完整的文件名homescreen.png。

获取代码

请访问fromideatoapp.com/downloads/example#buttons下载自定义按钮项目的所有文件。

UIBarButtonItem

UIBarButtonItem是一个特殊的按钮，专门用于工具栏和导航栏。你可以使用静态文本和一个图像或者是自定义的UIView创建自定义的UIBarButtonItem。你还可以选择按钮的样式：UIBarButtonItemStylePlain、UIBarButtonItemStyleBordered或者UIBarButtonItemStyleDone。

UIBarButtonItem只能加入工具栏和导航栏。在iPhone和iPad上，它们是大约20像素高，高度可以变化（取决于按钮的需要）。在retina显示屏中，这些按钮有大约40像素的高度。平面和边框样式的按钮都会自动继承它所在工具栏和导航栏的颜色。

请看下面的示例代码。这里我们创建了两个UIBarButtonItem。第一个按钮使用边框样式并且使用文本“Settings”初始化。第二个使用平面样式并使用图片“gear.png”初始化。

```
1  UIBarButtonItem *b1 = [[UIBarButtonItem alloc] initWithTitle:@"Settings"
        style:UIBarButtonItemStyleBordered
       target:self
       action:@selector(settingsPressed:)];
2  UIBarButtonItem *b2 = [[UIBarButtonItem alloc] initWithImage:@"gear.png"
        style:UIBarButtonItemStylePlain
       target:self
       action:@selector(settingsPressed:)];
```

图7.4 使用自定义UIBarButtonItem的工具栏

获取代码 ➡➡➡

请访问fromideatoapp.com/downloads/example#buttons下载自定义按钮和所有其他的工程。

UIButton

我们从第 6 章“用户界面按钮、输入、指示器和控件”中得知存在几种不同类型的 UIButton：Info、Add Contact、圆角矩形等。如果使用 Info 和 Add Contact 系统按钮样式，你没有其他的选择来自定义。但是，圆角矩形和自定义样式能让你创建所需的自定义按钮。

请记得 UIButton 是 UIControl 的子类。这意味着它能响应各种 UIControlState：

- UIControlStateNormal；
- UIControlStateHighlighted；
- UIControlStateDisabled；
- UIControlStateSelected。

当你创建 UIButton，你要设置一些属性，例如文本、图像和不同 UIControlState 的背景。这些属性使用表 7.3 里描述的 UIButton 接口方法。

表7.3 UIButton类接口方法

方法	描述
setTitle:forState:	设置按钮指定UIControlState的文本
setTitleColor:forState:	设置按钮指定UIControlState的文本颜色
setTitleShadowColor:forState:	设置按钮指定UIControlState的文本的阴影颜色
setBackgroundImage:forState:	设置按钮指定UIControlState的背景图像
setImage:forState:	设置按钮指定UIControlState的图像

如今，在移动设备上创建自定义UI元素很讲究效果——你真的没有浪费资源的余地。不是为每个按钮制作一个图标，取而代之的是使用一张图片，然后使用setTitle方法简单改变按钮的文本。如果你的按钮只有文本，考虑使用默认或者稍加修改的圆角矩形风格。这将有助于你的应用程序和iOS其他的应用程序保持风格一致。如果你使用图片创建按钮，类似于Info或者Add Contact按钮，那么使用自定义风格，它会创建具有透明背景的按钮。

小窍门

你不必要创建使用了图片背景的按钮的“按下”状态。因为iOS会自动使用一张半透明的黑色图片覆盖在你的按钮上，指示该按钮被按下。

圆角矩形按钮

圆角矩形按钮可用来快速创建iOS风格的按钮，并享有使用自定义的字体、文本和图片的待遇。默认情况下，这些按钮是白色的背景、淡蓝色的边框以及蓝色粗体的字体。当按钮按下时，背景变成蓝色，文本颜色变成白色。这些按钮最常见的是iPhone自带的通讯录应用程序。

图7.5　按钮“Text Mess- age”和“Add To Favori-tes”都是圆角矩形按钮

假设你想创建一个文本是“Tap Me!”，按下以后文本变成“I’ m Being Tapped”的按钮。只需要使用3行代码就可以实现：

```
1  UIButton *b = [UIButton buttonWithType:UIButtonTypeRoundedRect];
2  [b setTitle:@"Tap Me!" forState:UIControlStateNormal];
3  [b setTitle:@"I'm Being Tapped" forState:UIControlStateHighlighted];
```

第1行，我们使用UIButtonTypeRoundedRect样式创建了一个新的按钮。接下来的第2行，设置按钮的文本为“Tap Me!”。意思是正常状态下，我们的按钮的标题文本是Tap Me！最后第3行，我们设置UIControlState-High-lighted状态的按钮标题是“I’ m Being Tapped”。

请注意我们没有设置选择和禁用状态的按钮文本。因为我们把UIControlStateNormal状态文本设置为Tap Me！，如果你不设置其他状态的文本，它将成为其他状态时的默认文本。

开发者注意事项

要改变按钮文本的属性，请使用setTitleColor:forState: 和 setShadow-Color:forState:函数。在较早版本的iOS中，UIButton使用没有forState参数的函数。然而，苹果公司在iOS 3.0中废弃了这些函数，所以不应该再使用它们（即使它们还能正常工作）。

自定义按钮类型

当你在iOS创建自定义按钮类型时，你是在设计一个没有样式的按钮。这会相当有用，特别是创建一些特殊用途的按钮，例如透明的点击区域或者是图片覆盖层。因为自定义按钮相当于在一张白纸上画东西，设置它的文本但不设置背景色或者背景图像，就会得到透明背景上的白色文本。自定义按钮的优势是你可以加载任何的图像，包括透明的PNG来创建自定义按钮。

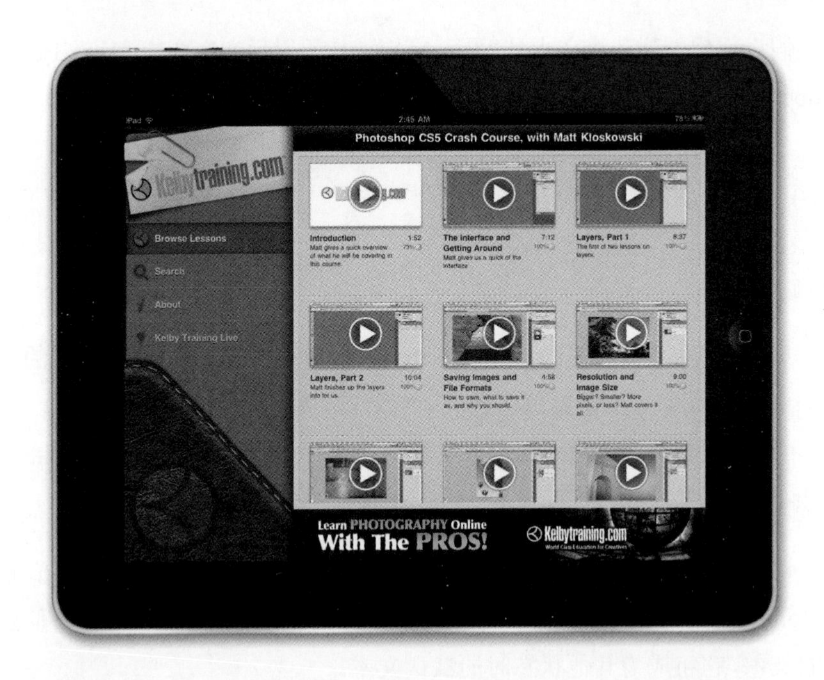

图7.6 自定义按钮用来创建视频预览图

当你使用自定义 UIButton 按钮类型时，下面的代码块是极好的示例。

```
1  创建我们的预览图
2  UIImage *thumbnail = [UIImage imageNamed:@"thumbnail.png"];
3  UIImageView *thumbView = [[UIImageView alloc] initWithImage:thumbnail];
4  thumbView.center = CGPointMake(180, 240);
5  [self.view addSubview:thumbView];
6
7  UIButton *b = [UIButton buttonWithType:UIButtonTypeCustom];
8  b.frame = CGRectMake(160, 220, 40, 40);
9  UIImage *play = [UIImage imageNamed:@"playbtn.png"];
10 [b setBackgroundImage:play forState:UIControlStateNormal];
11 [b addTarget:self action:@selector(playBtnPressed:)
          forControlEvents:UIControlEventTouchUpInside];
12 [self.view addSubview:b];
```

在这个代码段里，我们在最顶层设置了一个预览图按钮。第 2 行到第 5 行似乎在第 4 章"基本的用户界面对象"见过吧！第 7 行，我们创建了自定义 UIButton，然后在第 8 行定义它的 frame。第 9 行和第 10 行，我们新建了一个 UIImage，它是我们的播放按钮，并且设置它为 UIButton 的背景图片。最后，在 11 行，我们告诉按钮当按下时执行什么操作，第 12 行，它加入到我们的视图。

从这个例子可以看到，使用自定义按钮有无限的可能性。自定义按钮可以使用任何的图像。在第 12 章"iOS 手势入门"和第 13 章"创建自定义 iOS 手势"中，我们将讨论在不是 UIButton 的 UI 元素上如何使用手势来检测触摸输入。

设计师注意事项

当设计自定义按钮或者自定义图像资源时，请留心iPhone 4的retina显示屏。对每个图像资源，你应该还要创建一个两倍分辨率的图像资源。另外，如果按钮的选中和高亮状态没有定义图像，iOS会自动使用半透明的黑色图层模拟触摸的效果。这意味着，取决于你的使用场合，不总是需要设计自定义按钮的触摸—按下状态的图像。

获取代码

请访问fromideatoapp.com/downloads/example#buttons下载自定义按钮以及全部项目文件。

第8章

创建自定义UIView和UIViewController

创建子类，继承父类的属性，这是iOS开发的重要组成部分。至此，你应该已经熟悉UIView的特点了，它决定了用户能看到什么。你也应该知道各种UIView的子类是如何相互关联的了。你应该明白UIViewController发挥的作用，以及怎样控制视图的生命周期。

创建自定义 UIView 和 UIViewController 是设计自己的 iOS 应用程序的重要组成部分。事实上，在本书的示例中，你已经创建了自己的自定义 UIViewController——只是你还没有意识到而已。

我们知道，UIViewController 是用来管理相关的视图和子视图的，这些视图可以通过视图的生命周期方法以编程方式来构造，也可以通过使用 Interface Builder 创建的 nib 文件来构造。通过继承 UIViewController，可以创建自定义的控制器类，拥有它自己的属性、方法、以及委托（delegate）。

此外，我们知道 UIView 就像其他 UI 元素的一个画板，它使用尺寸和位置定义了一个矩形。通过从 UIView 创建子类，你可以利用随 iOS 而来的强大的 Quartz 2D 绘图工具，例如混合模式、路径、变换和 direct image 和绘制文本。

自定义UIViewController

定义 UIViewController 意味着什么？请记住 UIViewController 为与之关联的 UIView 定义了标准的接口，还定义了一些基本的控制函数。当我们创建 UIViewController 时，我们从这些基本功能开始，然后再添加我们自己特有的。这些函数是按钮的处理，自定义委托方法或者其他的用户输入。

从用户界面的角度来看，我们通常使用 UIViewController 从 nib 文件（在 Interface Builder 中）或者手动在视图生命周期方法中添加子视图的方法来建立自定义用户界面。

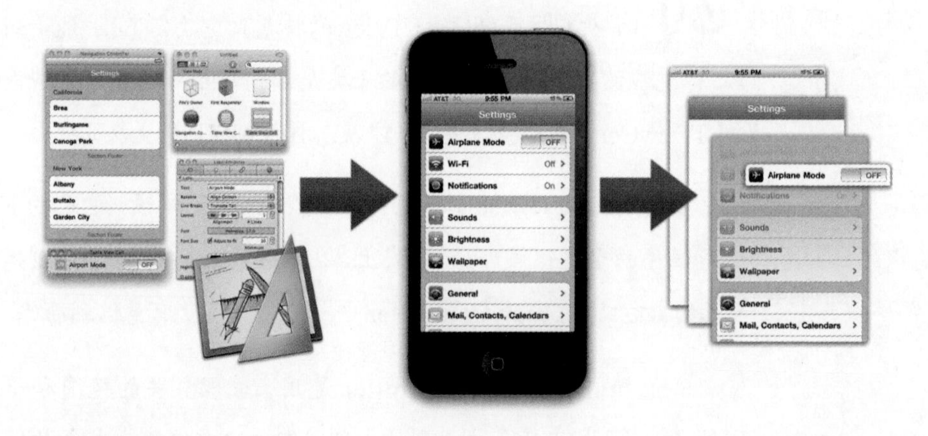

创建自定义UIViewController

获取代码

请访问fromideatoapp.com/download/example#customvc下载本章完整的项目文件和源代码。

选择 File>New Project 在 Xcode 里创建一个新的项目。就像我们在第一篇蓝本里做的一样，选择 Window-base iOS 应用程序。项目命名为 HelloInterfaceBuilder，然后保存它。

为了添加自定义的 UIViewController，只需要从 Xcode 菜单选择 File>New File。

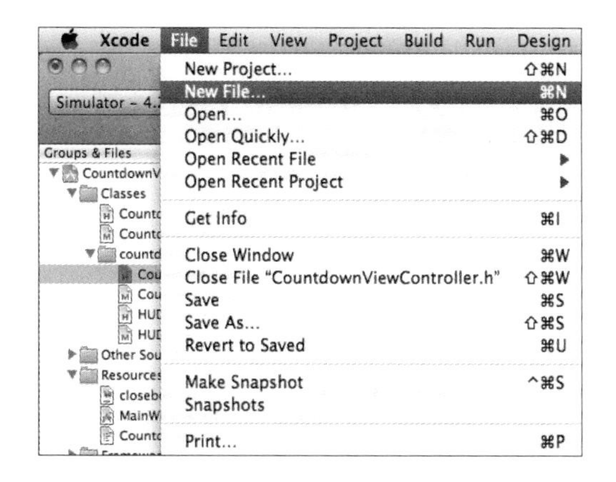

图8.1 新建文件

在新建文件对话框里，你可以在几个常用的 Cocoa Touch 类中选择一个。请记住，Cocoa Touch 是核心操作系统和核心服务层之上的 UI 层。所以，当我们说创建一个新的 Cocoa Touch 类时，其实是指创建这些常用UI对象的一个子类。针对本例的目的，这里选择UIViewController子类，并且勾选 With XIB for user interface 多选框，出现提示框，键入名称 MyViewController。

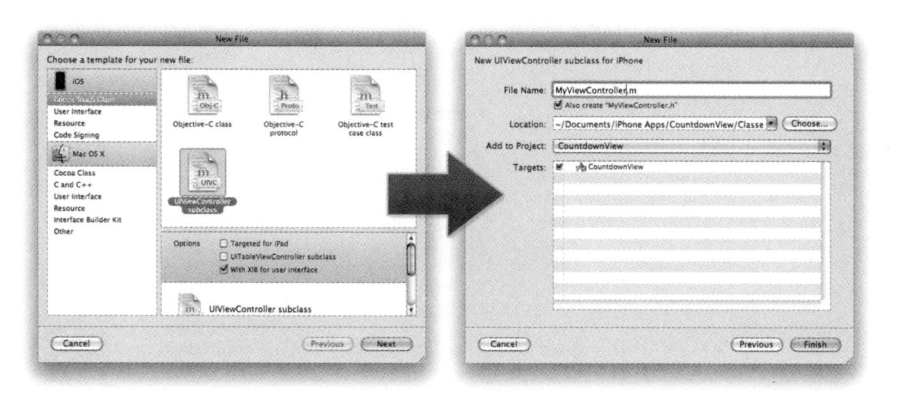

图8.2 保存 MyViewController

小窍门

为了探索 New File 对话框里的选项，你可以创建这些不同的 Cocoa Touch 类，包括为 iPad 优化过的视图控制器（当方向改变时自动旋转）和 UITableViewController。

看一看 Xcode 为我们创建了什么。你会发现 Xcode 在你的项目中添加了 3 个文件：MyViewController.h、MyViewController.m 以及 MyViewController.xib。它们是分别是头文件（.h）、方法文件（.m）以及 Interface Builder nib 文件。

头文件里，在你的自定义视图控制器里列出了各种方法、属性和委托。消息文件里，实现了这些方法和属性。Interface Builder .xib 文件让你为该视图控制器关联的视图快速创建新的 UI。

查看一下头文件，你应该会看到类似如下的代码：

```
1  //
2  //  MyViewController.h
3  //  HelloInterfaceBuilder
4  //
5  //  Created by Shawn Welch on 12/13/10.
6  //  Copyright 2011 fromideatoapp.com All rights reserved.
7  //
8
9  #import <UIKit/UIKit.h>
10
11
12 @interface MyViewController : UIViewController {
13
14 }
15
16 @end
```

最重要的一行是第12行。请注意 @interface MyViewController : UIView-Controller. 这个语法。这一行的意思是：本头文件列出了类 MyViewController 的接口，该类是 UIViewController 类的子类。

如果我们把第12行的 UIViewController 换成其他的类，例如 UITableViewController，那么 MyViewController 类就变成另一个类的子类了（例如是 UITableViewController 类的子类）。这一行是我们自定义视图控制器的开始。

注意事项

子类的命名没有硬性规定。这里我们把名字 MyViewController 改为 MyUIButton，它仍然还是 UIViewController 的子类。但是，保持你的类的名称一致是明智的。当你定义 UIView 的子类，建议类的名称包含“view”。当定义控制器的子类，建议类的名称包含“controller”。这将有助于在今后保持你的代码仍然组织良好。

因为你是使用 New File 对话框创建你的 UIViewController，并且因为你选择了 UIViewController Cocoa Touch Class，所以 Xcode 自动为你产生了 UIViewController 子类的一个模板。你发现在 MyViewController.m 文件里 Xcode 已经为你产生了一些标准的视图生命周期方法。

注意事项

本书的目标是深刻理解 iOS 设计和开发过程，以便帮助你设计更好的应用程序，但是它不是一本 Objective-C 编程初学者指南。请查看 fromideatoapp.com/reference#beginnersguide 获取一些讨论 Objective-C 基础知识的资料。

给自定义视图控制器添加属性

现在，让我们往自定义视图控制器里添加一些用户界面元素。回想一下我们目前为止看到的 UI 元素。我们知道 UIButton 是 UIView 的子类，但是作为一个按钮，它有一些额外的属性，比如标题。标题属性不是标准

UIView 类的一部分，所以这一定是在子类中添加的。由于我们继承了 UIViewController，所以我们也可以给自定义的视图控制器中添加标题属性。

首先，我们在头文件里加入标题这个属性。

```
1  //
2  //  MyViewController.h
3  //  HelloInterfaceBuilder
4  //
5  //  Created by Shawn Welch on 12/17/10.
6  //  Copyright 2011 fromideatoapp.com All rights reserved.
7  //
8
9  #import <UIKit/UIKit.h>
10
11
12 @interface MyViewController : UIViewController {
13
14     IBOutlet UILabel *myTitle;
15
16 }
17
18 @property (nonatomic, retain) IBOutlet UILabel *myTitle;
19
20 @end
```

这里我们添加了两行代码：第 14 行和第 18 行。我们想要添加标题 myTitle 作为自定义视图控制器的属性。第 14 行在类接口里面建立了一个变量，而第 18 行建立了一个属性，从而能够轻易地设置和获取它的值（通过 getter 和 setter 方法）。

作为第 18 行的补充，我们还需要修改 .m 文件加入一行代码，这行代码是下面代码块的第 12 行。Xcode 使用 synthesize 命令为 UILabel 变量 myTitle 自动产生 getter 和 setter 方法。

```
1  //
2  //  MyViewController.m
3  //  HelloInterfaceBuilder
4  //
5  //  Created by Shawn Welch on 12/17/10.
6  //  Copyright 2011 fromideatoapp.com All rights reserved.
7  //
8
9  #import "MyViewController.h"
10
11 @implementation MyViewController
12 @synthesize myTitle;
```

注意事项

@property 和 @synthesize 只是 Objective-C 的快捷方法。当项目编译和构建的时候，Xcode 为设置和获取 myTitle 自动产生必要的代码。这使得我们可以这样调用函数：myController.myTitle.text = @"My New Text";。

把第 12 行加入 .m 文件后，点击 Build 按钮或者从 Xcode File 菜单中选择 Build > Build Results。另外还可以使用键盘快捷键 Command + Shift + B。如果有提示，选择保存所有的修改。

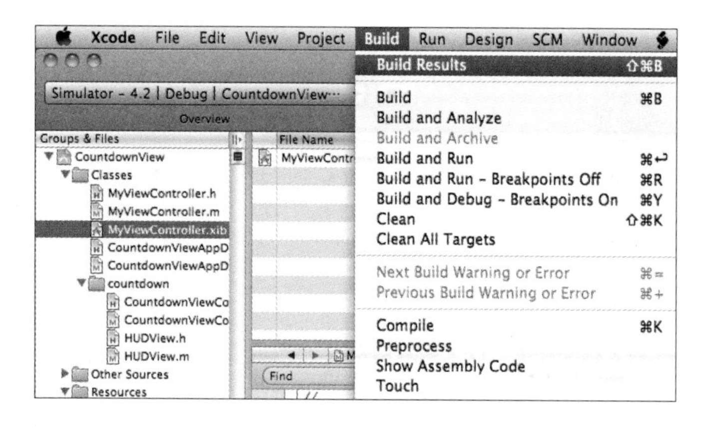

图8.3 构建你的应用程序

如果一切按计划进行，你应该会在Xcode右下角看到一个“Succeeded”消息。

开发者注意事项

IBOutlet标识符仅仅是一个标记，意思是允许我们在Interface Builder里连接这个属性。若使用IBOutlet标识myTitle，就可以在Interface Builder里直接操纵它在视图中的样式和位置。如果你不使用Interface Builder，你可以在代码中删除IBOutlet标识符，然后在视图的viewDidLoad方法里手动设置它的位置等属性。

使用Interface Builder建立自定义UI

现在，你建立了.m 和 .h 文件，并且在 Xcode 里成功构建了，在 Xcode 里双击 MyViewController.xib 文件，这将会启动 Interface Builder。Interface Builder 使得你能快速建立不同的用户界面元素，并且把它们和 Xcode 中编写的代码绑定起来。因为你在 .h 文件里使用了 IBOutlet 标识符，所以 .xib 文件自动识别这个 UI 有一个 UILabel 叫做 myTitle。所有你需要做的是往你的画布中添加一个文本标签，并且和 .xib 的 file owner 相连接。

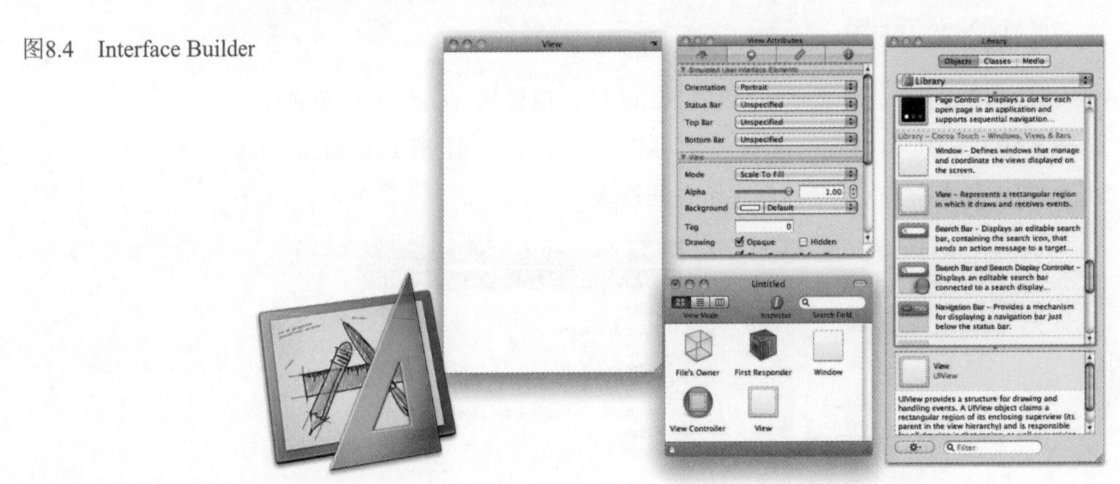

图8.4 Interface Builder

首先你要做的是拖曳一个 UILabel 到你的视图中。这将自动把一个 UILabel 对象作为子视图添加到和 .xib 文件关联的视图里。因为 .xib 文件是结合 MyViewController 类产生的，所以 Xcode 已经自动把 .xib 的视图和 MyViewController 的视图做了关联了。仅仅需要从 Objects Library 窗口拖曳 UILabel 对象到视图画布上。

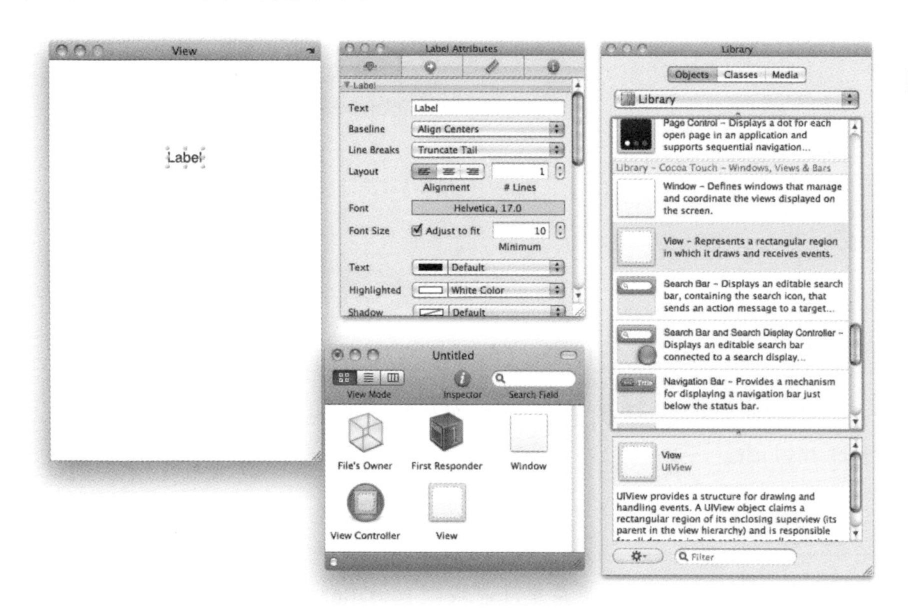

图8.5 添加UILabel到主视图

接下来，随意调整这个标签，然后从 MyViewController.xib 窗口中选择 File’ s Owner 图标。

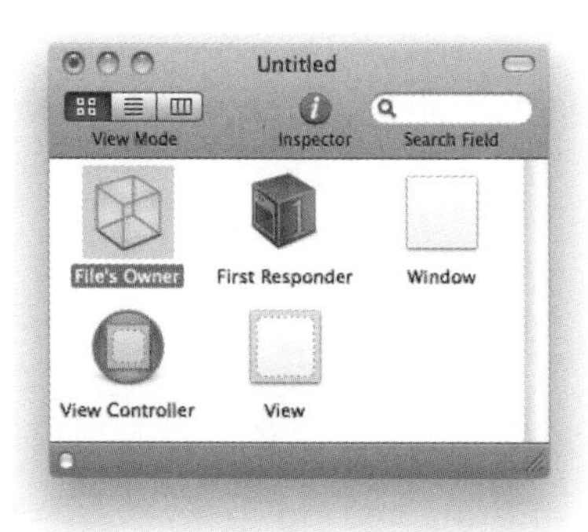

图8.6 Interface Builder 文档窗口

保持选中 File’ s Owner 对象，按下 Control 键，然后拖动鼠标到刚加入视图的 UILabel 上面。

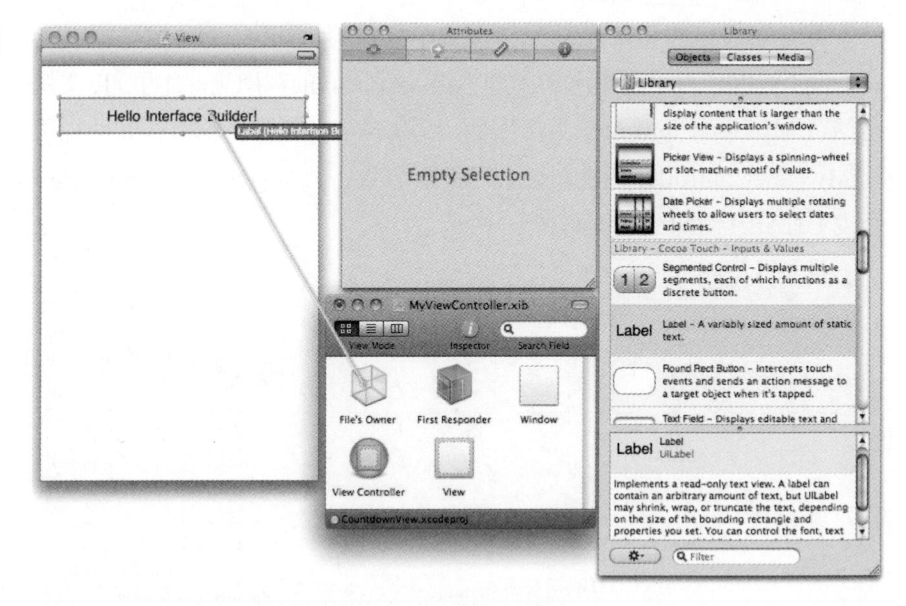

图8.7 连接UILabel和File's Owner

如上图所示，当标签高亮时，只需要释放鼠标，然后在弹出的小菜单里选择 myTitle。

小窍门

如果在弹出的小菜单里没有找到 myTitle，那么回过头去，确保你成功地在 Xcode 里保存和编译构建了项目。如果项目没有成功编译，Interface Builder 将不能识别它自己和 Xcode 之间的 IBOutlet 连接。

完成了！你成功连接了.h 文件中创建的 IBOutlet 和在 Interface Builder 视图中添加的 UILabel。现在你可以保存并退出 Interface Builder。

包含并使用自定义的UIViewController

先回到 Xcode，在欣赏你的自定义视图控制器前还有一件事情要做。你会发现如果现在就点击 Build and Go 按钮，应用程序仍旧还是一个空白的窗口。你建立了你的 UIViewController 类，但是还没有把它添加到应用程序主窗口。

为此，首先在Xcode里选择HelloInterfaceBuilderAppDelegate.m文件。在文件顶部附近我们需要添加一行代码，就是下面代码块的第10行：

```
1  //
2  //  HelloInterfaceBuilderAppDelegate.m
3  //  HelloInterfaceBuilder
4  //
5  //  Created by Shawn Welch on 12/13/10.
6  //  Copyright 2011 fromideatoapp.com All rights reserved.
7  //
8
9  #import "HelloInterfaceBuilderAppDelegate.h"
10 #import "MyViewController.h"
11 @implementation HelloInterfaceBuilder
12
```

通过把 #import"MyViewController.h" 添加到文件头部，我们让应用程序委托（即 HelloInterfaceBuilderAppDelegate）包含了我们创建的自定义视图控制器。现在我们可以新建自定义视图控制器，并把它的视图作为子视图添加到主窗口。如果不导入我们的自定义视图控制器的头文件，Xcode 将抛出一个错误，因为它不识别 MyViewController。

在 applicationDidFinishLaunching 方法后面添加下面的代码行：

```
1  //  创建和初始化一个MyViewController实例
2  //  把自定义视图控制器的视图添加为主窗口子视图
3  //  设置自定义UILabel控件的属性
4  MyViewController *mvc = [[MyViewController alloc]
       initWithNibName:@"MyViewController" bundle:nil];
5  [window addSubview:mvc.view];
6  mvc.myTitle.text = @"Hello, fromideatoapp.com";
```

添加这些代码之后，再构建和运行你的应用程序。你应该会看到从 .xib 加载的 MyViewController 的自定义 UI。请注意上面代码块中的第 6 行我们设置了 myTitle.text，我们的 UI 界面中这个文本也改变了。这是因为我们把变量 myTitle 映射到 Interface Builder 的 IBOutlet 了。

图8.8 在iOS模拟器上运行HelloInterfaceBuilder

开发者注意事项

我们将在第9章“创建自定义表视图”和第三篇蓝本中学习如何在控制器类中实现更加高级的自定义方法。第9章专门讲UITableViewController类，而蓝本则基于“Hello, World!”应用程序创建另外的自定义UIViewController。

自定义UIView

自定义 UIView 和自定义 UIViewController 最主要的区别是 UIView 严格地着重于模型—视图—控制器中的视图，而多数 UIViewController 既封装了视图也封装了控制器。

但是自定义 UIView 也非常重要。自定义的 UIView 实质上是一个空白的画布，而与 UIViewController 结合起来使用能创建真正独特的用户界面。例如，在我们最后的练习中，我们创建了一个 UILabel（它是 UIView 的子类）并把它添加到 UIViewController 关联的视图。根据我们的用户界面的需求，我们也能创建绘制任意独特形状的自定义 UIView，然后把它加到我们的 UIViewController，就像我们添加 UILabel。毕竟它们都是 UIView 的子类。

此外，可以使用一个自定义的 UIView 作为 UIViewController 的主视图，代替 Xcode 自动为 UIViewController 生成的主视图。在你的自定义 UIView 加载后，UIViewController 开始响应自定义 UIView 的生命周期事件，例如 viewDidLoad 或者 viewWillAppear 等。

创建自定义 UIView 的问题在于没有简单的方法来做这件事情——肯定不像使用 Interface Builder 那样简单。为了自定义 UIView，你需要收工编写大量的代码。

设计师注意事项

学习建立自定义UIView的实际代码并不重要，重要的是集中注意力学习使用自定义UIView能制造的效果、样式以及应用场合。通过学习Quartz 2D绘图的功能，你可以避免在你的应用程序二进制包里包含不必要的图像，并最终节省程序运行时的宝贵资源。

从UIView派生子类

从 UIView 派生子类非常像从任何其他的 Cocoa Touch 类派生子类。你能使用上节我们使用的 New File 对话框来快速创建 UIView 的子类。很像 UIViewController,UIView 子类也需要一个 .h 和 .m 文件。但又不像 UIViewController，你不能从 .xib 文件加载 UIView。

创建了你的 UIView 子类后，当你使用它时，有几件事情需要注意。目前 .m 文件里最重要的方法是 drawRect，每当 UIView 需要刷新时 iOS 运行时环境都会自动调用它，这是你大多数绘制代码所在的地方。你可以通过调用 setNeedsDisplay 请求 UIView 刷新，但是正如之前提到过，你绝对不要直接调用 drawRect 函数。

因为 drawRect 调用如此频繁，你不应该在 drawRect 方法里面分配和管理内存。你要确保该方法尽可能快和短小。如果你在该方法内分配和创建新的对象，应用程序的性能会大幅下降，特别是播放动画时。通常，为一些东西比如字体和颜色创建静态的或者局部变量，这是个好主意。它们可以在你的头文件中定义，或者当 UIView 初始化时分配和创建它们，但是不应该在 drawRect 内部管理这些变量。

另外，因为创建 UIView 子类的目的是避免创建其他不需要的 UI 元素，你应该很少看到 UIView 子类的视图有其他的 UI 对象。所以，如果我们自定义 UIView 要绘制文本，我们将存储 NSString 值而不是创建一个 UILabel。如果我们想要绘制一个图像，我们将使用 UIImage 而不是 UIImageView。我们在画布上直接绘制这些数据类型，所以我们不需要类似 UILabel 或者 UIImageView 这样的额外的一层 UIView 包装——我们的子类就是根据我们的需求优化过的包装。

最后，不仅仅像上一节 HelloInterfaceBuilder 例子中让 Xcode 编译器自动生成 setter 方法，我们要重载 setter 函数，以便当自定义 UIView 接收到新的数据时，我们能通过调用 [self setNeedsDisplay] 刷新我们的 UIView。

Quartz 2D和Graphics Context

Quartz 2D 作为 Mac OS X 核心图形框架的一部分首次亮相。因为 iOS 是基于 Mac OS X 的，所以你的 iOS 应用程序能完全利用 Mac OS X 计算机同样的 2D 绘图、动画以及渲染技术。

Quartz 2D 非常强大，需要一整本书来阐述。你可以使用它渲染自定义的形状、图形、渐变和阴影，甚至还可以创建 PDF 文档。但是由于时间的关系，我们将把重点放在最常见的任务之一。本节将引导你完成在 UIView 子类中如何直接在图形上下文中绘图。

图形上下文是 Quartz 2D 绘图的目标。它包含了设备的所有信息、路径、颜色、线条的粗细等。当你创建 UIView 子类并且重载 drawRect 方法，以获取视图的图形上下文作为开始。

```
1  CGContextRef context = UIGraphicsGetCurrentContext();
```

整个 drawRect 方法中，你将使用图形上下文作为任何绘图、路径、变换和阴影的目标。为了掌握创建 UIView 子类和重载 drawRect 方法，你需要了解 Quart 2D 绘图的 4 个关键组件：

- Paths；
- Transforms；
- Images and blend modes；
- Text。

开发者注意事项

Quart 2D的功能比本章描述的多得多。请访问fromideatoapp.com/reference#quartz2d获取更多高级课程和学习指南资料。

路径

路径对创建自定义形状非常有用。如果你把 UIView 当做一个画布，绘制路径的意思就是在画布上的两点之间移动，然后使用线条绘制或者使用颜色填充得到的形状。不限制你只能在直线的两点之间移动。事实上，你可以使用孤立的点、线、弧线、三次贝塞尔曲线、二次贝塞尔曲线椭圆以及矩形。下面的代码示例创建了一个 200×200 的正方形，并使用 60% 的黑色填充。

```
1  CGFloat height = 200; // 设置高度
2  CGFloat width = 200;  // 设置宽度
3
4  // 获取图形上下文
5  CGContextRef context = UIGraphicsGetCurrentContext();
6
7  // 设置填充色为66%黑色
8  CGContextSetRGBFillColor(context, 0, 0, 0, .66);
```

```
9
10 // 移动路径到原点(0, 0)
11 CGContextMoveToPoint(context, 0, 0);
12
13 // 移动路径到点(width, 0)
14 CGContextAddLineToPoint(context, width, 0);
15
16 // 移动路径到点(width,height)
17 CGContextAddLineToPoint(context, width, height);
18
19 // 移动路径到点 (0,height)
20 CGContextAddLineToPoint(context, 0, height);
21
22 // 移动路径到原点(0, 0)
23 CGContextAddLineToPoint(context, 0, 0);
24
25 // 使用填充色填充路径
26 CGContextFillPath(context);
```

变换

变换函数可以旋转、缩放、平移图形上下文。在第 11 章“创建自定义 iOS 动画”我们将讨论如何使用变换来产生 UIView 动画。

```
1 CGContextTranslateCTM(context, 100, 50);      //把原点平移(100,50)
2 CGContextRotateCTM(context, radians(-85));  //旋转图形上下文-85度
3 CGContextScaleCTM(context, .5, .5);          //图形上下文缩小一倍
```

图像和混合模式

还记得 UIImage 只是存储图像数据的数据类型吧。当我们初次讨论 UIImage 和 UIImageView 的时候，使用了一个 UIImageView，从而才能把图像作为子视图添加到其他存在的视图中。这里，因为我们直接在图形上下文绘制，所以我们只需要图像数据本身。

在图形上下文绘制数据有几个不同的方法。看一下方法名称，每个方法都是不言自明的。你可以在原点绘制或者在一个 CGRect 里面绘制图像，也可以选择是否使用 alpha 或者混合模式。

- drawAtPoint:(CGPoint)point;
- drawAtPoint:(CGPoint)point blendMode:(CGBlendMode)blendMode alpha:(CGFloat)alpha;
- drawInRect:(CGRect)rect;
- drawInRect:(CGRect)rect blendMode:(CGBlendMode)blendMode alpha:(CGFloat)alpha;
- drawAsPatternInRect:(CGRect)rect;

```
1  UIImage *flower = [UIImage imageNamed:@"flower.png"]; //创建 UIImage
2  [flower drawInRect:CGRectMake(0, 0, 320, 240);  //绘制 320x240 矩形
```

表8.1 图形上下文混合模式

常量	描述
kCGBlendModeNormal	正常，也是默认的模式。前景图会覆盖背景图
kCGBlendModeMultiply	乘，混合了前景和背景的颜色，最终颜色比原先的都暗
kCGBlendModeScreen	把前景和背景图的颜色先反过来，然后混合
kCGBlendModeOverlay	覆盖
kCGBlendModeDarken	变暗
kCGBlendModeLighten	变亮
kCGBlendModeColorDodge	色彩减淡模式
kCGBlendModeColorBurn	色彩加深模式
kCGBlendModeSoftLight	光线柔和
kCGBlendModeHardLight	强光
kCGBlendModeDifference	差值
kCGBlendModeExclusion	排除

续表

常量	描述
kCGBlendModeHue	色调
kCGBlendModeSaturation	饱和度
kCGBlendModeColor	颜色
kCGBlendModeLuminosity	亮度

文本

最后，我们使用 drawInRect 方法直接绘制 NSString 字符串。类似于 UIImage，你可以在指定的点或者矩形区域绘制文本。下面的示例代码假设已经创建了类型为 UIFont 的 sys 字体变量。

```
1  //在矩形区域使用字体绘制文本
2  [@"iOS apps" drawInRect:CGRectMake(0, 0, 320, 30)
                 withFont:sys];
3
4  //在矩形区域使用字体和断行模式绘制文本
5  [@"iOS apps" drawInRect:CGRectMake(0, 0, 320, 30)
                 withFont:sys
            lineBreakMode:UILineBreakModeTailTruncation];
6
7  //在矩形区域使用字体、断行模式和对齐模式绘制文本
8  [@"iOS apps" drawInRect:CGRectMake(0, 0, 320, 30)
                 withFont:sys
            lineBreakMode:UILineBreakModeMiddleTruncation
                alignment:UITextAlignmentLeft];
```

获取代码

请访问fromideatoapp.com/downloads/example#quartz2d下载Quart2D以及其他所有的项目文件，包括一些本章没有讲述的。

第9章

创建自定义表视图

你在应用程序中最经常使用的UIViewController子类是UITableViewController，用于显示和管理表视图的信息。该UITableViewController是如此重要，以致于我专门使用本章一整章教你如何自定义这个类。表视图的目的在于高效地向用户传递较长列表的信息。看看系统自带的Mail应用程序，苹果公司使用表视图显示你的收件箱中的电子邮件列表。另外，系统的设置应用程序中，表视图中的每个单元格代表了一个偏好或者设置。

表视图各式各样。你可以随意自定义它们的外观，比如从 SMS 应用程序到 Contacts 应用程序的外观，但是在基础结构方面，这些应用程序都使用了表视图的子类来显示长长的滚动列表信息。创建表视图是很容易犯错误的。如果不注意，你可能会创建一个对用户响应极慢的表。为了避免这些陷阱，我们将学习表视图的工作机理，并讨论创建和维护它们的各种方法。

UITableViewController

UITableViewController 是 UIViewController 的子类，而与之关联的视图是 UITableView。正如你还记得，UITableView 是 UIScrollView 的子类，因此它有滚动的功能。除了在 UIViewController 类中声明的方法之外，UITableViewController 定义了滚动数据和与之关联的表视图的外观的方法。UITableView 必须要有一个数据源和一个委托。默认情况下，UITableViewController 被配置成既是数据源也是代理。这听起来有点复杂，所以先看看表视图控制器的委托和数据源能为表视图做些什么。

表视图的工作机理

当尝试想象 UITableView 是如何工作时，最好是记住模型—视图—控制器模式。记住视图（即 UITableView）是完全从模型和控制器分开的。这意味着，如果没有委托和数据源，UITableView 一点用都没有。幸运的是，UITableViewController 会自动指定自己为数据源和委托，如果它们之前没有指定的话。

为了配合 UITableViewController 中的表视图的外观、数据以及行为，你需要实现 UITableViewDataSource 和 UITableViewDelegate 协议中的方法。

UITableView数据源

UITableView 的数据源提供了屏幕上需要显示和修改的信息。当 UITableView 首次在屏幕上显示，它将会向数据源询问一系列问题：表中有多少行数据、多少节、第 1 节的标题是什么、第 1 节第 3 行单元格的外观是什么、等等。当然，它们不是以词语对话的。

数据源遵循一个叫做 UITableViewDataSource 的协议。数据源将会实现 UITableViewDataSource 协议中定义的方法（参见表 9.1），然后 UITableView 根据需要调用这些方法。

表9.1 UITableView-DataSource协议

方法	描述
tableView:cellForRowAtIndexPath: *	返回指定的行和节的UITableViewCell对象
numberOfSectionsInTableView:	返回表视图节的数量
tableView:numberOfRowsInSection: *	返回表视图指定节的行数
sectionIndexTitlesForTableView:	以惯用的A到Z顺序返回标题的数组，用于右边的“快速滚动”
tableView:sectionForSectionIndexTitle: atIndex:	返回映射到侧边栏标题索引的节的索引
tableView:titleForHeaderInSection:	返回指定节的标题
tableView:titleForFooterInSection:	返回指定节的脚注字符串

* 代表必须实现。

UITableView委托

和数据源很像，委托响应表视图询问的一系列问题，并且遵守UITableViewDelegate 协议。但是，它不只响应内容的问题，还响应发生在表视图里的事件，例如“用户选择了第 3 节里的第 1 行”。接收事件并决定行为是委托的责任。（UITableViewDelegate 协议在表 9.2 描述。）

表9.2 UITableView-Delegate协议

方法	描述
tableView:heightForRowAtIndexPath:	返回指定行的高度
tableView:indentationLevelForRowAtIndexPath:	返回指定行的缩进级别
tableView:willDisplayCell: forRowAtIndexPath:	通知单元格马上要显示，类似于视图生命周期方法viewWillAppear:
tableView: accessoryButtonTappedForRowWithIndexPath:	通知用户选择了给定行的辅助按钮
tableView:willSelectRowAtIndexPath:	通知用户将要选择一行
tableView:didSelectRowAtIndexPath:	通知用户选择了一行
tableView:willDeselectRowAtIndexPath:	通知用户将要取消一行的选择
tableView:didDeselectRowAtIndexPath:	通知用户取消了一行的选择

续表

方法	描述
tableView:viewForHeaderInSection:	返回作为指定节标题的自定义UIView
tableView:viewForFooterInSection:	返回作为指定节脚注的自定义UIView
tableView:heightForHeaderInSection:	返回指定节的标题的高度
tableView:heightForFooterInSection:	返回指定节的脚注的高度
tableView: willBeginEditingRowAtIndexPath:	通知指定行将要开始编辑
tableView:didEndEditingRowAtIndexPath:	通知指定行结束了编辑
tableView:editingStyleForRowAtIndexPath:	返回指定行可能的编辑样式，可选项包含删除，插入或者无
tableView: titleForDeleteConfirmationButtonForRowAtIndexPath:	返回用于红色删除确认标题的字符串，例如Mail应用程序在使用某些邮件服务器时用“Archive”取代删除
tableView: shouldIndentWhileEditingRowAtIndexPath:	返回当编辑指定行时缩进是否可用

UITableView外观

不是所有的表视图的属性都是受委托和数据源协议控制的。表视图自身有一组属性直接影响了它的外观和行为，最显著的是UITableViewStyle。

UITableViewStyle

当你初始化UITableView时，必须在两个UITableViewStyle之中选择一个：普通（UITableViewStylePlain）或者分组（UITableViewStyleGrouped）。正如你所料，普通的表视图样式在白色的背景上是方形的行。最常见的例子是自带的Mail应用程序或者Contact应用程序。但是，分组表视图风格是在特殊的灰色条纹背景上创建具有圆角的分组，把一组内的内容组织在节里面。最好的分组表视图例子是 iPhone 或者 iPod touch 自带的设置应用程序。

图9.1 UITableViewStylePlain（左）和UITableViewStyle-Grouped（右）的例子

小窍门

UITableViewStyleGrouped 的背景色是叫做 groupTableViewBackgroundColor 的系统颜色。在分组表视图外面调用 [UIColor groupTableViewBackgroundColor]; 创建这个有图案的颜色。

UITableViewCell

回忆一下第 4 章“基本用户界面对象”，表视图中的每行都是 UIView 的子类 UITableViewCell。当在屏幕上显示表视图时，iOS 在内存中分配足够多的单元格以便在屏幕上显示必要的信息。

当用户往下滚动时，单元格就滚出了屏幕，然后这些单元格就被重新定位，从而被重用显示刚进入屏幕的单元格。这样的重用机制使得表视图内存的使用非常高效，因为它只为要在屏幕上显示的单元格分配内存。包含一万个单元格的表视图的性能和只有 10 个单元格的表视图的性能一样。

当表视图要显示新的一行，它会调用数据源的tableView:cellForRow-

AtIndexPath:方法。你可以在该方法中检查是否有一个单元格可以重用，否则就得在内存中分配一个新的单元格。我们将在本章后面的蓝本中涉及本方法的实际代码。

表视图单元格样式

你还可以利用多样的样式UITableViewCellStyle。每个单元格可以配置成独特的外观，而且只需要设置少量的属性，比如textLabel、detailTextLabel、imageView以及accessoryType。当然，这些属性是可选的，创建单元格时可以不必设置它们。

- UITableViewCellStyleDefault：左对齐，标签是粗字体并可以选择附带图像视图。

- UITableViewCellStyleValue1：左对齐文本标签以及右对齐蓝色文本标签（自带的设置应用程序有使用）。

- UITableViewCellStyleValue2：右对齐蓝色的文本标签位于左边，以及左对齐的文本标签位于右边（自带的通讯录应用程序联系人详情界面里有使用）。不像其他的样式，该样式不能使用图像视图。下面的示意图是使用了该样式的一个分组表。

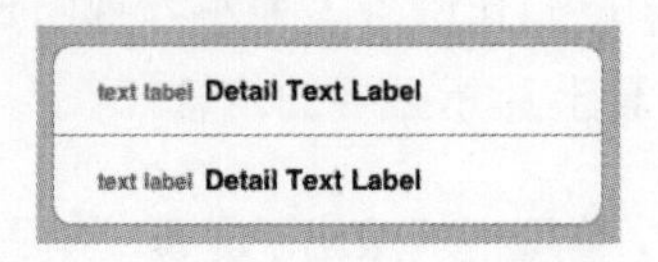

- UITableViewCellStyleSubtitle：左对齐标签位于上面，左对齐灰白色标签位于下面（自带的Mail应用程序有使用）。

注意事项

除了这些属性之外，每个单元格还有一个 contentView 属性。contentView 是位于单元格的一个空的 UIView。稍后在我们创建自定义单元格布局的时候将使用 contentView。

表视图单元格辅助视图

辅助视图给单元格右边缘提供装饰或者功能。你能选择下面的 4 种辅助类型：

- UITableViewCellAccessoryNone
- UITableViewCellAccessoryDisclosureIndicator
- UITableViewCellAccessoryDetailDisclosureButton
- UITableViewCellAccessoryCheckmark

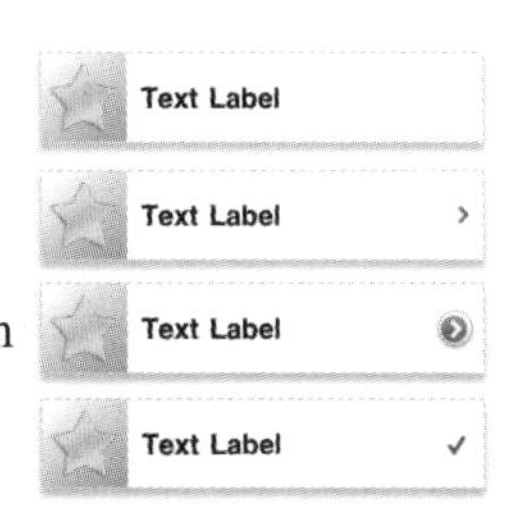

除了这些辅助视图样式，你还可以选择设置一个自定义的 UIView 作为 UITableViewCellAccessoryView。例如，常用 UISwitch 对象作为 UITableViewCellAccessoryView，使得用户可以选择开或者关。

图9.2　自定义表视图单元格的辅助视图

开发者注意事项

尽可能重用单元格，避免在内存中分配新的，这非常重要。如果你重用单元格，你的应用程序将很快就会变得非常慢，根本没法使用。当你重用单元格时，需要重新配置当前行的每一个单元格。例如，如果你新的行没有detailTextLabel或者图像，但是你要重用的单元格却有，那么确保清除这个数据。因为单元格被重用时，它的最后一次的数据仍然是完好的。如果你没有把这些数据清除，这些数据就会被显示在屏幕上。请访问fromideatoapp.com/reference#tableview查阅iOS表视图编程指南获取关于表视图更多的信息。

表头和表尾视图

每个表视图都有一个 UIView 和表头和表尾关联。默认情况下，这些视图设置成 nil。你可以创建自定义的 UIView，然后把它设置成表头和表尾的视图。下面的代码块，从第 1 行到第 5 行新建了一个 UILabel。第 6 行，我们设置这个标签为我们的 tableHeaderView。类似地，第 8 行到第 12 行创建了第 2 个 UILabel，第 13 行设置它为 tableFooterView。

```
1  UILabel *hd = [[UILabel alloc] initWithFrame:CGRectMake(0, 0, 320,50)];
2  hd.backgroundColor = [UIColor blackColor];
3  hd.textColor = [UIColor whiteColor];
4  hd.textAlignment = UITextAlignmentCenter;
5  hd.text = @"Header";
6  [tableView setTableHeaderView:hd];
7
8  UILabel *ft = [[UILabel alloc] initWithFrame:CGRectMake(0, 0, 320,50)];
9  ft.backgroundColor = [UIColor blackColor];
10 ft.textColor = [UIColor whiteColor];
11 ft.textAlignment = UITextAlignmentCenter;
12 ft.text = @"Footer";
13 [tableView setTableFooterView:ft];
```

创建自定义单元格

在前面的几章，我们学到了两种创建个性 UIView 的方法。第一种技术是往父视图中添加一系列子视图，第二种方法是创建 UIView 的子类，然后直接在视图的图形上下文中绘图。创建自定义表视图单元格也一样简单，这是有道理的，因为我们知道 UITableViewCell 也是 UIView 的子类。你可以使用自定义表视图单元格提供额外的应用程序特有的信息，而这是默认的表视图单元格样式所不能的。

有两种创建自定义单元格的主要技术。就像我们的标准 UIView 子类，我们可以：

- 创建UITableViewCell的子类，然后为每个单元格构建自定义的视图层级；

- 重载表视图单元格的contentView的drawRect函数，直接在图像上下文绘图。

图9.3 使用自定义UITableViewCell表视图的例子

例如，想象一下系统自带的 iPod 应用程序的表视图单元格。左边是一个 UIImage 用来显示封面，而中心是显示歌曲标题的 UILabel。所有的这些对象是单元格视图的子视图。除了这些 UI 元素，iOS 还创建了一个额外的空的层，你可以用来创建自定义视图。因为这个空白的层或者 contentView 覆盖了单元格，我们既可以添加子视图也可以重载 drawRect 函数：

```
1  [self.contentView addSubview:myCustomTextLabel];
```

这行代码中，self 表示 UITableViewCell 子类，而 myCustomTextLabel 是单独创建的 UILabel。

优点和缺点

每一种技术都有一组自己的优点和缺点。在为每个单元格创建自定义视图层级时，你可以利用现有的 iOS 元素，例如标签和图像视图，把它们作为子视图加入 contentView。这种方法的缺点是当你的单元格越来越复杂时，iOS 会深陷为每个单元格维持一个复杂的视图层级的泥潭。

而另一个方法，即通过重载 contentView 的 drawRect 函数，通过在单元格里直接绘图，我们减少了 iOS 需要维护的对象数目（从而减低了 contentView 视图层级的复杂性）。但是直接在 contentView 里绘图意味着我们必须自己重新建立标准的 iOS 元素比如标签和图像视图。

欲了解如何创建自定义表视图单元格子类以及重载 contentView 的 drawRect 方法的更多信息和详细代码示例，请参考第三篇的蓝本“自定义 iOS UI”。

设计师注意事项

当设计你的UI或者创建用户体验时，尝试去预测开发人员是否可以使用默认的单元格样式，又或者是否需要创建自定义的UITableViewCell。请记住当用户滚动表视图时，iOS将会重用单元格来显示信息。留心什么元素在每个单元格是不变的，而什么元素又是变化的。例如，向自己发问，当用户滚动表视图时，iOS能够重复使用同样的文本标签或者图像视图吗？

移动、删除和插入行

你可能已经注意到了，数据源和委托方法提到了移动、插入和删除行。iOS SDK 里的 API 函数使得动态的管理表视图的内容非常容易。但是，为了使得表视图可以编辑，你必须在表视图的数据源和委托中实现几个方法。为了帮助确定哪些方法是必需的，让我们一步一步的观察当用户点击顶端 UINavigationBar 的编辑按钮时会发生什么。我们从重新排列（移动）行开始。

开发者注意事项

这些例子将引导你理解在UITableView中移动、删除和插入行的处理过程。这些代码示例请参考本章后面的第三篇的蓝本，或者访问 fromideatoapp.com/downloads/example#tableview，这里你可以下载本章所有的示例的项目文件。

在表视图中重新排列行

下面是在 UITableView 中重新排列行的处理步骤，涉及表视图和它的委托以及数据源。

(1) 用户点击编辑按钮。控制器里的按钮处理器在表视图上调用 setEditing::animated:。

(2) 表视图为所有可见的行(当在编辑模式时,如果用户滚动了表视图，那么所有的行变得可见) 调用委托的 tableView::canMoveRowAtIndexPath:。这个方法会返回一个指示，指示特定的行是否可以移动。

(3) 至此，表视图处于编辑模式。所有的行返回 YES，指示它们可以移动,位于表视图单元格右边缘的重新排列控件标识了可编辑(参考下页的图)。

拖动一行可以重新排列的行。表视图在委托上调用 tableView:targetIndexPathForMoveFromRowAtIndexPath:toProposedIndexPath:，实际是在询问目的地是否可以放置。

(4) 把该行放在新的位置 (已经核准)。表视图调用在数据源上调用 tableView:moveRowAtIndexPath:toIndexPath:。数据源更新数据模型，重新组织反应新行位置的所有信息。

设计师注意事项

重新排列控件是iOS SDK的标准元素。如果不完全重新编写UITable-View的代码你是不能改变重新排列控件的外观的。如果你的应用程序需要重新排列表视图的功能，推荐使用标准的重新排列控件。

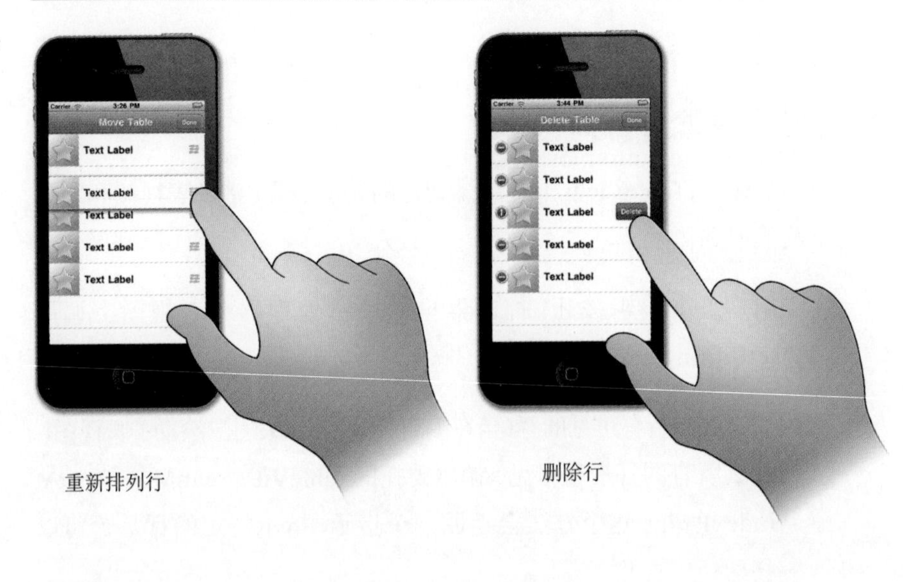

图9.4 在UITableView中重新排列和删除行

获取代码

请访问fromideatoapp.com/downloads/example#tableview下载TableView和其他的项目文件。

插入和删除行

下面是在 UITableView 中插入和删除行的处理步骤，涉及表视图和其委托以及数据源。

(1) 点击编辑按钮。控制器里的按钮处理器在表视图上调用setEditing::animated:。

(2) 表视图为所有可见的行（当在编辑模式时，如果用户滚动了表视图，那么所有的行变得可见）调用委托的 tableView:: canE-ditRowAtIndexPath::。

表视图为第 2 步返回 YES 的行在委托里调用 tableView:editingStyleForRowAtIndexPath:。

(3) 第 3 步过后，表视图已经处于编辑模式。在第 3 步中被委托标识为可删除的行有一个红色的减号按钮在它后面，而标记为可插入的行有一个绿色的加号在它后面。

(4) 点击减号按钮，这时有个红色的删除按钮从单元格的右边以动画的形式显示出来。表视图调用委托的 tableView:titleForDeleteConfirmationButtonForRowAtIndexPath 方法（如果实现了），在删除按钮上显示替代的标题文本。如果这个方法没有实现，那么按钮只是显示“删除”（参考上页的图片）。

(5) 点击删除按钮。表视图在数据源调用 tableView:commitEditingStyle:forRowAtIndexPath:，数据源期望更新数据模型，并且删除必要的行信息。此外，这个方法应该在表视图调用 deleteRowsAtIndexPaths:withRowAnimation: or insertRowsAtIndexPaths:withRowAnimation:，以便从视图中移除实际的行。

开发者注意事项

这一系列事件概述了当用户点击编辑按钮并且在整个表视图中调用setEditing方法发生了什么。同样，如果你不想要编辑按钮，但是在数据源和委托中分别实现了canEditRowAtIndexPath和commitEditingStyle:forRowAtIndexPath:方法，iOS会自动实现“轻扫删除”功能。当用户轻扫一行，表视图也会执行类似的步骤，但是仅仅调用被扫过的单元格。

正如你从这些处理流程看到的，在表视图中重新排列、插入或者删除行是很容易的，只要你明白表视图、委托和数据源之间的紧密联系。这些例子还强调了模型—视图—控制器模式在 iOS 开发中的重要性。你可以清楚地看到哪些方法控制了模型（数据源），哪些方法控制了控制器（委托），以及哪些方法控制了视图（表视图）。

iOS应用程序蓝本

自定义iOS UI

在第三篇中我们学到了如何创建自定义 UI 元素，以及创建各种视图控制器子类。在开始蓝本之前，我们需要一些素材。请下载 fromideatoapp.com/downloads/bp3_assets.zip，其中包括需要的图像文件和 fast-draw 表视图子类。

获取代码

本篇的蓝本涉及很多代码和图片资源。有一个完整的项目应该会更轻松一点，请访问fromideatoapp.com/downloads/blueprints下载FI2Ademo项目。

概述

概况地讲，我们以第二篇蓝本创建的项目为基础。使用 UITableView-Controller 的子类替换作为选项卡的 UIViewController，并且把它们使用 UINavigationController 包装，然后再放进 UITabBarController。第一个选项卡是使用自定义 UITabBarItem 的自定义 UITableViewController。第二个选项卡使用了 fast-draw 表视图单元格技术。可惜的是，由于本书篇幅的原因，蓝本的第二部分内容将放在网上，请访问 fromideatoapp.com/downloads/blueprints 的 FI2Ademo 项目。

修改第一个选项卡

第一个选项卡，我们将创建一个简单的分组样式表视图，但是使用自定义的选项卡项。此外，我们将把 UI 元素和控制器方法从应用程序委托（前一篇的蓝本中创建的）移到新的 UIViewController 子类（名叫 DetailViewController）里面。当用户点击表视图控制器里的行里，detail 视图控制器将压入到导航栈上。

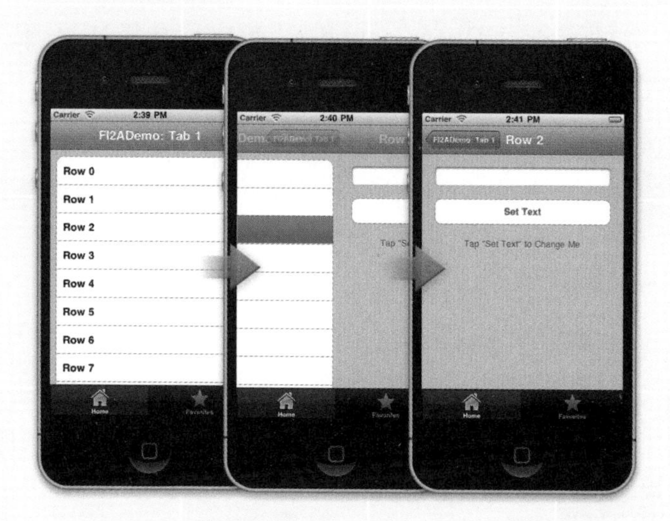

为了修改这些，我们将要执行以下步骤。

(1) 在 Xcode 中创建新的文件（允许 Xcode 产生模板文件）。

(2) 把下载到的 nav_home.png 和 nav_home@2x.png 图片加入到应用程序资源。

(3) 从应用层委托中把 UI 元素和控制器方法（前一篇的蓝本中创建的）移动到 detaiL 视图控制器里。

(4) 从应用程序委托中把设置标签工具栏的代码（前一篇的蓝本中创建的）移动到新的视图控制器的初始化代码中去。

(5) 实现表视图数据源和委托方法，以便控制行的外观，实现 didSelectRowAtIndexPath 函数。

第一步

我们首先要做的事情是为子类创建头文件和方法文件。就 UITableViewController 而言，为了新建文件，选择 File > New File。在左边的导航面板中选择 With Cocoa Touch Class，选择 UIViewController 并勾选复选框：UITableViewController subclass。选择 Next，并把文件名命名为 T1_TableViewController。重复这个步骤，不过这次选择 UIViewController 并取消复选框：UIViewController subclass。选择 Next，把文件存储为 DetailViewController。

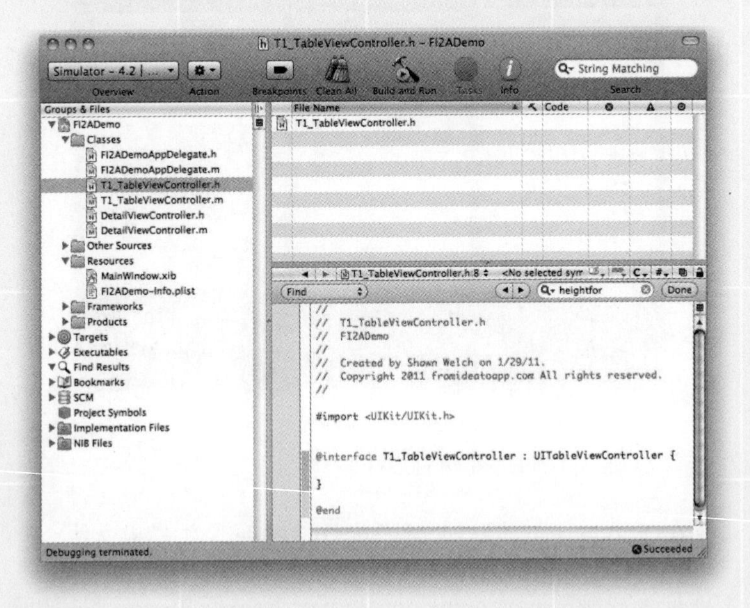

第二步

接下来，把 nav_home.png 和 nav_home@2x.png 图片拖到 Xcode 的项目资源文件夹。这将使得自定义的标签工具栏项可以使用这些图片资源。

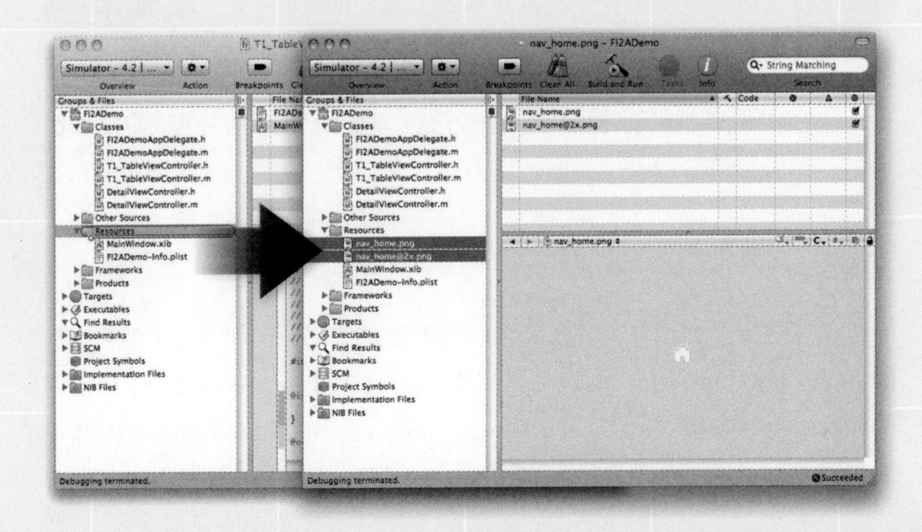

第三步

接下来，从应用层委托中把UI元素和控制器方法（前一篇的蓝本中创建的）移动到DetailViewController类的.m和.h文件里。请记住，当用户在T1_TableViewController中选择一行，我们将创建一个新的DetailViewController对象，并且压入到导航栈上。

DetailViewController.h

```
1  #import <UIKit/UIKit.h>
2
3  @interface DetailViewController : UIViewController {
4
5      UILabel *label1;
6      UITextField *input;
7
8  }
9
10 - (void)changeText:(id)sender;
11
12 @end
```

DetailViewController.m

```
1  // 实现viewDidLoad函数，以便视图可以
2  // 从nib文件中加载后再进行额外的设置
3  - (void)viewDidLoad {
4      [super viewDidLoad];
5
6      self.view.backgroundColor = [UIColor groupTableViewBackgroundColor];
7
8      // 传入frame(x,y,width,height)创建UITextField对象
9      // 设置文本输框边框样式为圆角矩形
10     // 将文本输入框加入到tabl视图中
11     input = [[UITextField alloc]
           initWithFrame:CGRectMake(20, 20, 280, 30)];
12     input.borderStyle = UITextBorderStyleRoundedRect;
```

```
13      [self.view addSubview:input];
14
15      // 创建一个圆角矩形风格的按钮
16      // 将按钮frame设置为(x,y,width,height)
17      // 设置按钮正常状态的文本
18      // 把按钮添加到控制器视图中(tab 1)
19      UIButton *button = [UIButton buttonWithType:UIButtonTypeRoundedRect];
20      button.frame = CGRectMake(20, 70, 280, 40);
21      [button setTitle:@"Set Text" forState:UIControlStateNormal];
22      [self.view addSubview:button];
23
24      // 使用frame(x,y,width,height)创建一个文本标签
25      // 设置标签的文本对齐模式为“居中”
26      // 把文本标签添加到控制器视图中(tab1)
27      label1 = [[UILabel alloc]
            initWithFrame:CGRectMake(20, 120, 280, 40)];
28      label1.textAlignment = UITextAlignmentCenter;
29      label1.backgroundColor = [UIColor clearColor];
30      label1.textColor = [UIColor darkGrayColor];
31      label1.shadowColor = [UIColor whiteColor];
32      label1.shadowOffset = CGSizeMake(0, 1);
33      label1.text = @"Tap \"Set Text\" to Change Me";
34      label1.font = [UIFont systemFontOfSize:14];
35      [self.view addSubview:label1];
36
37      // 给我们的按钮添加行为
38      //  - 目标设为自己，也就是
39      // 我们实现行为的地方
40      //  - 设置行为调用的方法是changeText:
41      //  - 事件“释放”发生时调用该行为
42          (即当手指在按钮上抬起时调用)
43      [button addTarget:self
                   action:@selector(changeText:)
        forControlEvents:UIControlEventTouchUpInside];
44  }
```

```
45
46 - (void)changeText:(id)sender{
47     label1.text = input.text;
48     [input endEditing:YES];
49 }
```

这一个步骤中涉及很多代码，不过让我们看看能否把它分解成我们做过的事情。第一段代码，DetailViewController.h 很像我们在上一篇的蓝本中的代码。我们只是建立了变量，以便稍后从控制器中访问它们。

请注意第二段代码，DetailViewController.m 中的 viewDidLoad 方法。记得我们讨论过视图的生命周期，viewDidLoad 方法在视图控制器关联的视图刚好加载到内存是被调用。在第 3 行到第 44 行，我们遵循了上一个蓝本中同样的基本准则。唯一的区别（除了一些增强的美化）是我们在 self.view 上调用 addSubview，而不是 tab1.view。请记得"self"是指你正在写代码的类。所以这些代码的意思是（就像我们的 UIViewController）"把这个视图作为子视图添加到相关的视图中去"。

第4步

这个步骤，我们将处理 T1_TableViewController.m 文件。前一个蓝本中，我们使用系统标签工具栏样式创建的 UITabBarItem。这里我们把建立 UITabBarItem 的代码从应用程序委托中移动到 T1_TableViewController 的初始化函数中，并且建立一个自定义标签工具栏项，而不是系统提供的标签工具栏项。

当你打开 T1_TableViewController.m 文件，你会发现文件顶部的 initWithStyle 方法被注释了。删除方法前后的注释符号 /* 和 */。接下来，从应用程序委托中拷贝建立 UITabBarItem 的代码到这个方法中。此时，不是使用 initWithTabBarSystemItem，建立标签工具栏项，而是使用 initWithTitle:image:tag 来建立。

```
1  - (id)initWithStyle:(UITableViewStyle)style {
2      // 重写initWithStyle方法:
3      // 当你创建了视图制器，并且想要执行
4      // viewDidLoad不适合的自定义操作时使用。
5      self = [super initWithStyle:style];
6         if (self) {
7           // 设置标题文本，如果UINavigationController
8           // 是我们的父视图控制器的话，
9           // 标题就会显示出来
10          self.title = @"FI2ADemo: Tab 1";
11
12          // 创建一个标签工具栏项（UITabBarContriller图标）
13          // 使用自定义标题和UIImage
14          // 把新的标签工具栏项设为自已的TabBarItem。
15          // 清理内存，我们不再需要tbil
16          UITabBarItem *tbi1 = [[UITabBarItem alloc]
               initWithTitle:@"Home"
               image:[UIImage imageNamed:@"nav_home.png"]
               tag:0];
17          [self setTabBarItem:tbi1];
18          [tbi1 release];
19     }
20     return self;
21 }
```

在第 17 行，不像上一个蓝本一样在 tab1 上调用 setTabBarItem，而是在 self 上调用 setTabBarItem。

第5步

最后，我们需要实现 UITableView下列的数据源和委托方法：

- numberOfSectionsInRow;
- numberOfRowsInSection;
- cellForRowAtIndexPath;
- didSelectRowAtIndexPath。

前三个方法定义在UITableView数据源协议中。最后一个方法did-SelectRowAtIndexPath定义在UITableView的委托协议中。请记得，默认情况下，UITableViewController的数据源和委托是自己本身。

```
1  - (NSInteger)numberOfSectionsInTableView:(UITableView *)tableView {
2      // 返回选项卡数量
3      return 1;
4  }
5
6  - (NSInteger)tableView:(UITableView *)tableView
    numberOfRowsInSection:(NSInteger)section {
7      // 返回指定选项卡中的行数。
8      return 10;
9  }
10
11 // 自定义表视图单元格的外观。
12 - (UITableViewCell *)tableView:(UITableView *)tableView
           cellForRowAtIndexPath:(NSIndexPath *)indexPath {
13
14     static NSString *CellIdentifier = @"Cell";
15     // 如果不能创建新的单元格，则查找并重用一个已有的单元格
16     UITableViewCell *cell = [tableView
           dequeueReusableCellWithIdentifier:CellIdentifier];
17     if (cell == nil) {
18         cell = [[[UITableViewCell alloc]
                       initWithStyle:UITableViewCellStyleDefault
                          reuseIdentifier:CellIdentifier] autorelease];
19     }
20
21     // 设置单元格文本为行数
22     cell.textLabel.text = [NSString
           stringWithFormat:@"Row %d",indexPath.row];
23     return cell;
24 }
25
26 - (void)tableView:(UITableView *)tableView
```

```
        didSelectRowAtIndexPath:(NSIndexPath *)indexPath {
27    // 创建DetailViewControuer对象，并且压入导航堆栈
28    DetailViewController *detail = [[DetailViewController alloc]
        initWithNibName:nil bundle:nil];
29    detail.title = [NSString stringWithFormat:@"Row %d",indexPath.row];
30    [self.navigationController pushViewController:detail animated:YES];
31    [detail release];
32 }
```

注意事项

请记得在 T1_TableViewController.m 文件顶端导入 DetailViewController.h。通过导入它，自定义的 UITableViewController 类才知道 DetailViewController 的存在。

获取代码

由于本书篇幅的问题，我们不得不裁掉了蓝本的后半部分，并把它放在网上。请访问fromideatoapp.com/downloads/blueprints，下载FI2Ademo整个项目，继续本教学的学习。

第四篇

给你的UI添加动画

第10章

iOS动画入门

所有人都喜爱动画。事实上，苹果公司在整个 iOS 中都使用几乎让人无法察觉的动画——从工具栏和状态条消失的细微动画，到当电子邮件被删除时标志性的动画效果。在第 8 章，我们谈到了 Core Graphics，允许我们直接访问 Quartz 2D 的绘图功能的一个 Objective-C 框架。与 Core Graphics 对应的动画框架是 Core Animation。利用类似的 Objectiv-C 框架，Core Animation 是一个高性能的合成引擎，可以让你在应用程序中创建自己的复杂动画。

不过，先往回走一步，因为这只是 iOS 动画的简介。在第 11 章，我们将讨论如何利用 Core Animation 的强大功能。但是现在我们先讨论 UIKit 内置的动画功能。

关于使用UIKit的动画

前面，我们了解到 UIKit 概括了处理用户界面元素的基本框架。从 UIKit，我们获得了应用程序窗口、视图，控件等。UIKit 有基于触摸的用户界面所需要的一切。不过，除了这些 UI 元素，UIKit 还有一些简单的 API，用来给视图添加动画和过渡。我们还能使用 Core Animation 框架的底层 API 来创建动画，从而可以加强这些高层的动画方法。然而，因为这些高层的 API 内建于 UIKit，底层编程的很多复杂问题已经被 UIKit 代劳了。

虽然你不能像 Core Animation 那样拥有太多的控制权，但是你将会发现使用 UIKit API 使用 UIView 动画简单而高效。

UIKit 动画 API 和 Core Animation 之间有一个很重要的区别。UIKit API 允许我们给 UIView 的子类 UI 元素添加动画。实际上，我们只能给位于 UIKit 里面的那些类添加动画。像第 8 章，当我们创建自己的视图时，一旦位于 UIKit 框架之外，并在 drawRect 里直接操作 Graphics Context，我们就不能使用 UIKit 动画 API 了。如果我们想要设计操作仅在 drawRect 方法内部可用的属性的动画，就需要使用 Core Animation。

但是，现在 UIKit 动画 API 对于在 UIViewController 视图生命周期方法中给 UI 元素添加动画还工作得很好，因为这些方法通常处理 UIView 子视图的层级结构。

什么属性可以添加动画

UIKit 动画 API 定义在 UIView 类的接口中。这意味着两件事情。

- UIView子类的UI元素可以添加动画。
- 所有可以添加动画的属性都必须定义在UIView中。

因为我们知道 UIView 类定义了指定位置和尺寸的矩形，很自然我们就猜测这些属性可以添加动画。事实上的确可以，并且 UIView 里的一些其他基本属性也可以添加动画。正如第 4 章讨论的，UIView 使用 frame、 bounds、center、transform、alpha、backgroundColor 以及 contentStretch 定义对象。所有这些对象都可以使用 UIView 中的动画 API 添加动画（参见表 10.1）。

表10.1 UIView可以添加动画的属性

属性	描述
Frame	定义了视图的矩形的高度和宽度，以及原点，其中原点相对父视图
Bounds	视图的bounds同样定义了高度和宽度，但是原点是相对于当前视图的，而且这个属性通常取值（0,0）
Center	相对于父视图，定义了视图的位置
Transform	定义了视图的缩放、旋转或者平移，相对于它的中心点。UIKit API限制变换在2D空间（3D空间的变换需要使用Core Animation）
Alpha	视图整体的透明度
backgroundColor	视图的背景色
contentStrtch	视图的内容拉伸以便填充可用空间的模式。例如，UIImageView里的一个图像从scale-to-fill动画到scale-to-fit

UIView动画区块

当你使用 UIKit API 动画视图，你实际上是创建了一系列 UIView 动画的区块。这些区块是包含动画，可以嵌套也可以串联成一系列。你可以给每个动画区块赋值一个动画委托，以便当动画触发了重要事件例如 animationDidStop 时作出响应。让我们先看一个例子，然后再剖析动画区块，看看涉及哪些事务。

```
1  - (void)viewDidLoad {
2      [super viewDidLoad];
3      UIView *box = [[UIView alloc] initWithFrame:
                                CGRectMake(10, 10, 50, 50)];
4      box.backgroundColor = [UIColor blueColor];
```

```
5
6       [self.view addSubview:box];
7
8       [UIView beginAnimations:@"box-animate" context:nil];
9       [UIView setAnimationDuration:1];
10
11      box.backgroundColor = [UIColor redColor];
12      box.frame = CGRectMake(50, 50, 100, 100);
13      box.alpha = .5;
14
15      [UIView commitAnimations];
16
17      [box release];
18  }
```

这个代码块只是实现了自定义UIViewController里的viewDidLoad方法。我们的动画区块从第8行开始，第15行结束。我们先看看设置。

首先，第3行我们创建了一个UIView，叫做box，并且使用frame(10,10,50,50)初始化。还记得CGRectMake函数定义了(x,y,width,height)。所以我们的UIView box使用左上角(10,10)，高度50和宽度50来初始化。接下来，第4行我们设置box的背景色为蓝色，并且把box加入到UIViewController关联的视图。至此，我们的应用程序只是在屏幕上显示了一个蓝色的盒子（如图10.1所示）。

第8行，我们开始了动画区块。每个动画都有一个字符串标识，在本例中我们的动画叫做“box-animate”。第9行，我们把动画的时长设置为1秒钟。

第11到第13行，我们开始改变蓝盒子的一些属性：变成红色，改变frame，以及增加透明度。因为这些修改是在UIView的动画区块里做的，它们在动画区块提交之前是不会生效的。最后，第15行，我们提交了动画区块。

一旦提交了动画区块，在 beginAnimation 和 commitAnimation 之间对 UIView 可动画的属性做的修改就开始播放动画。我们这个例子中，蓝色盒子在一秒钟时间从目前的颜色和位置改变为第 11 行为第 13 行设置的新值。动画的最后，蓝色盒子不再是蓝色的了。

图10.1　动画的前（左）后（右）

就是这么简单！使用 UIKit 的动画 API 创建动画很简单，你只需要记住以下的步骤。

（1）使用一些初始值创建和定义个 UIView。

（2）开始动画区块。

（3）配置你的动画区块，包括时间、重复次数、动画曲线等。

（4）改变你的 UI 元素。

（5）提交动画区块，开始动画。

获取代码

请访问fromideatoapp.com/downloads/example#animatedemo下载AnimationDemo和所有的项目文件，包括一些本章没有讨论的。

UIView动画方法

在建立你的UIView动画区块时，有一些方法你需要知道（参考表10.2）。它们定义在UIView中，是UIKit的一部分。

表10.2 UIView动画方法和描述

方法	描述
setAnimationDelegate	动画委托的方法是基于animationWillStartSelector和animationDidStopSelector的值调用的。必须设置委托，以便这些函数正常工作
setAnimationWillStartSelector	当动画开始时在委托上调用selector
setAnimationDidStopSelector	当动画结束时在委托上调用selector。如果你想执行一系列的动画，这个方法非常有用
setAnimationDuration	动画区块持续的时间，单位是秒
setAnimationDelay	提交动画后延迟多少秒开始播放动画。延迟时间到了后才会调用animationWillStart
setAnimationStartDate	动画开始的时间。这使得你可以指定未来某个时刻启动动画
setAnimationCurve	动画曲线。可选项包括线性、慢进、慢出以及慢进慢出。默认值是UIViewAnimationCurveEaseInOut
setAnimationRepeatCount	动画区块重复播放的次数
setAnimationRepeatAutoreverses	一个布尔值，指示动画结束时是否反向回到动画区块之前的状态
setAnimationBeginsFromCurrentState	如果该值设置为YES，并且你在一个正在播放动画的对象上面提交一个新的动画，之前的动画将会就地停止，转而播放新的动画。如果该值设置为NO，则先完成之前的动画再播放新的动画

设计师注意事项

动画是总体用户体验的最要组成部分，当你在设计移动应用程序，特别是iOS应用程序，想一想用户如何从一个屏幕过渡到另外一个屏幕。把表10.2中的动画方法熟记于心，然后考虑如何把动画持续时间、重复次数以及其他方法整合到总体的用户体验里。

UIView之间的动画

使用 UIKit 动画 API 的一个额外好处是，能以优雅的方法在两个 UIView 之间进行过渡。iOS 4.0 以前，开发人员必须在动画区块中使用一个额外的方法 setAnimationTransition:forView:cache。通过在动画区块中使用过渡动画，开发人员能够使用常用的 iOS 动画，比如系统自带的天气应用程序中的页脚翻页效果和页面 3D 翻转效果。

然而，随着 iOS 4.0 的推出，我们现在有一个更加专用的方法，专用于在两个 UIView 之间交换的动画方法。看看下面的代码块：

```
1  - (void)flipToBack:(id)sender {
2      // 从前面视图到后面视图的过渡动画
3  [UIView transitionFromView:frontView
                       toView:backView
                     duration:1
                      options:UIViewAnimationOptionTransitionFlipFromRight
                   completion:nil];
4    }
```

这是一个使用 UIView 动画的很好的例子。这个方法是一个按钮的应用函数，例如，是系统自带的天气应用程序的 Info 按钮。当方法被调用时，触发一个 UIView 动画。由于格式的原因好像看起来是多行代码，其实只是设置了多个参数而已。

第一个参数是 transitionFromView。这里设置为 frontView。本例中我

们假设 frontView 是屏幕上当前可见的 UIView 的子类。第二个参数是 toView，它设置为 backView。我们再假设 backView 也是 UIView 子类，但是本例中是对用户不可见的。该动画将从 frontView 过渡到 backView。

持续时间和选项参数是不言自明的。我们设置动画持续的时间是一秒钟，过渡使用从右边 3D 翻转动画。下面是动画过渡的其他选项：

- UIViewAnimationOptionTransitionFlipFromLeft；
- UIViewAnimationOptionTransitionFlipFromRight；
- UIViewAnimationOptionTransitionCurlUp；
- UIViewAnimationOptionTransitionCurlDown。

获取代码

请访问fromideatoapp.com/downloads/example#animatedemo下载AnimationDemo和所有的项目文件，包括一些本章没有讨论的。

系统提供的动画

我敢肯定你已经发现 iOS 方法通常有一个 animated 的参数。当你把该参数设置成 YES 时，iOS 自动使用一个动画来执行该方法。这些动画调用在 iOS SDK 中到处可见，所以了解一些已经为你做好了的动画，可以轻易地应用到你的设计中，这是一个好主意。下面是 iOS 开发中一些比较常见的动画。

UIApplication

UIApplication 在 iOS 中代表了应用程序对象，并且包含所有的必要属性。一些属性能在应用程序运行过程中隐藏。你经常会发现如果 iOS 中的对象有一个 setHidden 方法，它通常也有一个 setHidden:animated: 方法。表 10.3 描述了 UIApplication 中系统提供的动画。

表10.3
UiApplication
中系统提供的动画

方法	描述
setStatusBarOrientation:animated:	设置状态条为指定的方向
setStatusBarHidden:withAnimation:	显示或者隐藏状态条，可以使用的动画样式有UIStatusBarAnimationNone、UIStatusBarAnimationFade、UIStatusBarAnimationSlide
setStatusBarStyle:animated:	改变状态条的样式，可选项有UIStatusBarStyleDefault、UIStatusBarStyleBlackTranslucent、UIStatusBarStyleBlackOpaque
setStatusBarHidden:animated:	隐藏状态条，不过，该函数在iOS 3.2版本已经废弃了。在iOS 4.0以及以后的版本使用setStatusBarHidden:withAnimation:

UIViewController

UIViewController 真是一个多功能的类。给了你对 UIView 和子视图完全的控制能力，还包含众多包含动画的执行常见任务的便利方法。表 10.4 列出了 UIViewController 可用的系统提供的动画。

表10.4
UIViewController
可用的动画

方法	描述
presentModalViewController:animated:	presentModalViewController:animated:
dismissModalViewControllerAnimated:	关闭一个模式视图控制器，使用模式视图定义的动画样式
setToolbarItems:animated:	播放往UIViewController关联的UIToolbar添加新的工具条项的动画（淡入淡出动画）

UITableView

UITableViewController 是 UIViewController 的子类，其关联的视图是 UITableView。UITableView 定义了一系列的函数，用来更新和操作自身。当重新装载、插入或者删除 UITableViewCell 时，iOS 定义了下列 UITableViewRowAnimation 的样式：

- UITableViewRowAnimationFade；
- UITableViewRowAnimationRight；
- UITableViewRowAnimationLeft；
- UITableViewRowAnimationTop；
- UITableViewRowAnimationBottom；
- UITableViewRowAnimationNone；
- UITableViewRowAnimationMiddle。

表 10.5 列出了 UITableView 可用的动画。

表10.5 UITableView 可用的动画

方法	描述
scrollToRowAtIndexPath: atScrollPosition:animated:	滚动表视图到定义的index path
scrollToNearestSelectedRow AtScrollPosition:animated:	滚动表视图到给定的滚动位置的最近一个选择行附近
selectRowAtIndexPath: animated:scrollPosition:	在提供的index path播放选择一行的动画
deselectRowAtIndexPath: animated:	在提供的index path播放取消选择一行的动画
insertRowsAtIndexPaths: withRowAnimation:	播放插入行的动画
deleteRowsAtIndexPaths: withRowAnimation:	播放删除行的动画
insertSections: withRowAnimation:	播放行动画，插入一个section
deleteSections: withRowAnimation:	播放行动画，删除一个section
reloadRowsAtIndexPaths: withRowAnimation:	播放行动画，重新加载行
reloadSections: withRowAnimation:	播放行动画，重新加载section
setEditing:animated:	播放进入到UITableView编辑模式的过渡动画

UINavigationController

最后，我们来看一个 iOS 最知名的动画：UINavigationController 推动和滑动导航风格。我们之前在第 5 章“用户界面控制器和导航”谈到了 UINavigationController，简要地谈到有关用来添加新的 UIViewController 到导航栈的压栈和弹栈方法。UINavigationController 也为你提供了容易使用的动画。表 10.6 列出了 UINavigationController 可用的动画。

表10.6 UINavigationController 可用的动画

方法	描述
pushViewController:animated:	压入一个新的UIViewController到导航栈
popViewControllerAnimated:	从导航栈弹出一个UIViewController
popToRootViewControllerAnimated:	播放过渡到导航栈里最先入栈的那个UIViewController。该方法将弹出导航栈里除第一个根视图控制器的所有视图控制器
popToViewController:animated:	弹出导航栈里指定视图控制器上面的所有视图控制器
setViewControllers:animated:	把一组视图控制器加入到导航栈
setNavigationBarHidden:animated:	播放触发UINavigationController关联的UINavigationBar隐藏状态的动画
setToolbarHidden:animated:	播放触发UINavigationController关联的UIToolbar隐藏状态的动画

第11章

创建自定义iOS动画

上一章我们学习了如何使用系统提供的工具来播放用户界面动画。到此，你应该牢牢掌握了如何结合系统提供的动画来设计用户界面和建立用户体验的工作流程。

那么，如果系统提供的动画如此强大，为什么你还需要建立自己的呢？通过创建自己的动画，我们不会受限于UIView。此外，我们还能建立更加复杂的关键帧动画，而不会有使用setAnimationDidStopSelector方法把一系列的动画区块串联起来的麻烦。

因为把自定义动画和系统提供的动画整合到你的设计中的理由很类似，所以本章将重点放在技术方面。读完本章，开发人员应该了解如何使用代码中实现自定义动画。笔者鼓励设计人员关注通过使用Core Animation整合的动画的基本特征以及功能。

关于Core Animation

我们将使用系统框架 Core Animation 来创建个性动画。就像重载 drawRect 使用 Core Graphics 让我们能够直接在 UIView 上绘图以及改变它的外观（参考第 10 章），当自定义视图时，Core Animation 能够给我们额外的操纵能力。该系统框架既能让动画定义在 UIView 的属性中，也能动画定义在 Core Animation 层的属性中。此外，它使我们能够轻松创建关键帧动画，以及在 2D 层上应用 3D 变换。

理解使用 UIKit API 动画能做什么和使用 Core Animation 能做什么的差别很重要。Core Animation 加强了通过 UIKit API 创建的动画，所以这两种技术有直接的差异。因为 UIKit API 动画定义在 UIView 类中，所以，它受到 UIView 的属性和功能的限制。而另一方面，Core Animation 是直接操作视图的 Core Animation 层，在动画方面，赋予了你更强大的能力。

本章中，我们将探讨 Core Animation 的 3 种用法：

- 动画UIView中没有定义的属性；
- 在2D层上施放3D变换；
- 使用一系列关键帧和路径动画来动画一个层。

作为一个 iOS 设计师或开发者，当你设计一个新的 UI 或 UX 工作流程，没有必要预先知道一个给定的动画是使用 Core Animation 或者 UIKit API 来实现的。但是，了解每种技术的不同功能很重要。你会发现，通过 Core Animation，您可以创建看起来很复杂的动画，但实际上，实现又相当简单。

举个例子，苹果公司在 iPhone 和 iPod touch 的 Mail 应用程序中使用 Core Animation 创建的自定义动画：当用户从收件箱里移动邮件到其他文件夹时，一个邮件图标从一个弧线移动到目标文件夹。就是这样的小细节会让用户驻足赞叹“哇！”，并且通过口耳相传你的应用程序最终获得市场。

图11.1 Mail应用程序移动邮件的动画

Core Animation的重要差别

由于Core Animation的操作比UIKit API动画更加底层，所以有一些重要差别要留心。首先是Core Animation层，或者叫做CALayer。层很像视图，两者都有一组属性，构成了最终显示在屏幕上的东西。事实上，每个UIView都有一个层属性，用于底层的表示视图。至此，我们设置过UIView的frame和opacity等属性。当我们设置这些属性时，iOS也设置了下层的CALayer的这些属性，最终显示在屏幕上。

由于我们使用层而不是视图，所以可以使用Core Animation来给层的属性添加动画。截至iOS 4.2，CALayer类有26个单独的属性可以使用Core Animation添加动画。在UIKit动画中不可用的一些关键的属性有动画的锚点、圆角半径、掩码层以及阴影等。

Core Animation和UIKit动画另一个关键差异是Core Animation类CAAnimation。Core Animation定义了一组动画类，供实现动画使用。动画类是一个定义该动画特有的属性的对象。使用这些类，你可以使用基本或者关键帧动画给整个层或者层的某属性添加动画。

开发人员注意事项

本书只是粗浅地探讨Core Animation的强大功能。你可以访问fromideatoapp.com/reference#core-animation，获取CALayer可以添加动画的属性的完整列表，以及教程和更多Core Animation的示例。此外，由于Core Animation是iOS的底层API，Mac OS X动画也是用相同的技术来实现的，iOS和Mac开发者可以访问developer.apple.com获取Core Animation的全面文档。

Core Animation类型

使用 Core Animation 时，有 3 个经常使用的 Core Animation 类：

- CABasicAnimation；
- CAKeyframeAnimation；
- CATransitionAnimation。

CABasicAnimation 和 CAKeyframeAnimation 用于给层中的属性添加动画，而要给整个层添加过渡动画，你需要使用 CATransitionAnimation 类。多个动画可以使用 CAAnimationGroup 类把它们组合在一起。例如，改变层的尺寸和透明度属性，你首先使用 CABasicAnimation 为每个属性创建一个动画，然后把它们组合到一个 CAAnimationGroup，再把这个组添加到 CALayer，就会产生如你所期望的结果。

隐式和显式动画

Core Animation 框架有两种动画类型：隐式和显示。不像 UIView，CALayer 实际上包含了一个表现层和一个模型层。表现层用于往屏幕上显示层，并且为显示做了相应的优化。而模型层用于在内存中存储层的必要的信息。

如果某个动画是隐式的，意味着要添加动画的值同时存储在表现层和模型层。如果某个动画是显式的，要添加动画的值只存储在表现层，不会改变模型层。这意味着如果不执行其他的操作，显式动画播放完成后，

CALayer 将还原到动画播放前的状态，因为模型层并没有修改。

这个特性使得可以在 iOS 中进一步提高性能。例如，如果你有一个持续不断的动画（比如一个旋转图标或者图像的 spinning），使用显式动画将会更加高效，因为 iOS 不会浪费资源来修改模型层。因为视图始终播放动画，所以我们真正关心的只是表现层。此外，对于复杂的动画组合或者路径，你可以使用显式动画，在动画的过程中插值，然后等动画播放完毕再设置模型层的值。

>_ **开发者注意事项**

本章主要讨论使用CAAnimation类控制动画，也就是显示动画。请访问fromideatoapp.com/reference#implicit-animations学习更多关于隐式动画的知识。

开始使用Core Animation

为了使用 Core Animation 来创建一个新的动画，你需要遵循以下的三个简单步骤。开始以前，确保 QuartzCore 框架已经添加到 Xcode 的项目中。因为 Xcode 只会自动包含 UIKit 和 UIFoundation 库，你需要链接 Quartz 框架到你的项目中。

在Xcode中导入Quartz库

为了在你的项目中包含 Quartz 库，在 Xcode 菜单中选择 Project>Edit Active Target“你的项目名”。在 Info 对话框的 General 选项卡中点击位于窗口左下部的 Plus 按钮。接下来从列表中选择 QuartzCore.framework，点击 Add 按钮。

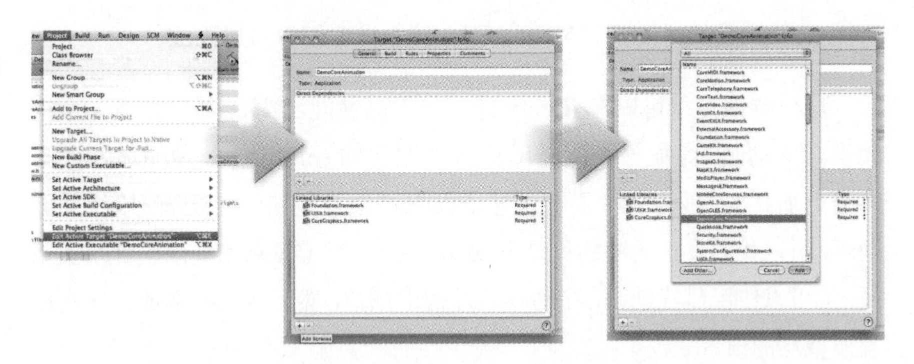

图11.2 在你的项目中添加QuartzCore库

包含 Quartz 库后，把下面的这行代码加入到我们要实现 Core Animation 的自定义视图的头文件顶部。

```
1  #import <QuartzCore/QuartzCore.h>
```

使用Core Animation给对象添加动画

现在你的项目已经设置好使用 QuartzCore 库，我们可以开始使用 Core Animation。正如前面提到的，使用 Core Animation 有三个步骤来创建你的首个动画。

(1) 创建一个 CAAnimation 或者 CAAnimation 子类的一个引用。

(2) 定义你的 CAAnimation 的熟悉。

(3) 把你的动画赋给一个层。

一旦你把 CAAnimation 赋给了一个层，iOS 自动在一个单独的线程中执行动画。让我们来看一个例子。在下面的代码块中，我们给 UIView 的背景色添加过渡动画，变化到蓝色，然后再变回到原来的颜色。

```
1  CABasicAnimation *animation = [CABasicAnimation animation];
2  animation.toValue = (id)[UIColor blueColor].CGColor;
3  animation.duration = 1;
4  animation.autoreverses = YES;
5  [self.layer addAnimation:animation forKey:@"backgroundColor"];
```

第 1 行，我们创建了一个新的 CABasicAnimation 对象。第 2 行，我们设置了toValue属性，它定义了变化的目标，在本例中，是指变化的最终颜色。第 3 行和第 4 行，设置动画的持续秒数，以及 autoreverses 属性设置为 YES。这意味着我们视图的背景色将在一秒钟过渡到蓝色，然后又自动在一秒钟过渡到原来的颜色。最后，第 5 行，我们使用关键词“background-Color”把动画添加到层。

第 5 行的 forKey 参数实际上是非常重要的。此参数中定义的关键词应该和你想动画的属性名称相同。如果你要设置一个特定属性，例如视图的宽度，你可以使用点语法引用结构中的子变量。例如，如果你想调整视图的宽度，你可以使用：

```
1  [self.layer addAnimation:animation forKey:@"bounds.size.width"];
```

在上面的代码中，我们通过在关键词参数中使用“bounds.size.width”来给宽度属性添加动画。

获取代码 ➠➠➠

请访问fromideatoapp.com/download/examples#core-animation-demo 下载这个示例项目，以及其他的Core Animation效果。

关键帧动画

我们刚刚看到了创建基本属性动画的例子。除了获得 UIKit 动画里不可用的层属性动画，你可能已经发现，基本动画的功能和 UIKit 动画没有太大的差别。关键帧动画则改变了这一切。

关键帧动画是基本的动画，在时间轴上定义了关键步骤（或帧）。要在 UIKit 实现这样的动画，你必须实现一系列 setAnimationDidStopSelector 方法以便把一系列动画区块串联起来。使用 Core Animation 的关键帧动画，只需要几行代码就可以完成同样的目标。

让我们使用同样的改变颜色的示例，不过这次先变化到绿色然后变化到黄色，再变化到蓝色。

```
1  CAKeyframeAnimation *animation = [CAKeyframeAnimation animation];
2  animation.values = [NSArray arrayWithObjects:
                            (id)self.layer.backgroundColor,
                            (id)[UIColor yellowColor].CGColor,
                            (id)[UIColor greenColor].CGColor,
                            (id)[UIColor blueColor].CGColor,nil];
3  animation.duration = 3;
4  animation.autoreverses = YES;
5  [self.layer addAnimation:animation forKey:@"backgroundColor"];
```

对比一下前面的例子，本例中我们只改变了很少的几行代码。第1行，我们创建了CAKeyframeAnimation，而不是CABasicAnimation。类似地，第2行是赋值一个数组给values属性，而不是赋值给toValue。这个数组中的每个值都是动画中的一个关键帧。第3行到第5行大同小异。我们设置了动画的持续时间，定义了autoreverses，然后使用关键字backgroundColor把动画添加到层。

获取代码 ➠➠➠

请访问fromideatoapp.com/download/examples#core-animation-demo 下载这个示例项目，以及其他的Core Animation效果。

开发者注意事项

请注意数组中的第一个值是层当前颜色的值，self.layer.backgroundColor即是层的当前背景色。当关键帧动画开始时，数组中的第一个值作为动画的初始值。为了防止动画突然改变初始颜色，所以我们把数组的第一个值设为当前视图关联层的背景色。这样一来，动画开始时，当前层无缝过渡到第一个关键帧。

路径动画

除了通过一系列的关键帧值创建CAKeyframeAnimation关键帧动画，你可以沿着指定的路径创建路径关键帧动画。下面的代码示例创建了我们在本章前面讨论的电子邮件动画。

```
1  CAKeyframeAnimation *ani = [CAKeyframeAnimation animation];
2  CGMutablePathRef aPath = CGPathCreateMutable();
3  CGPathMoveToPoint(aPath, nil, 20, 20);         //起点
4  CGPathAddCurveToPoint(aPath, nil, 160, 30,     //控制点 1
                                     220, 220,    //控制点 2
                                     240, 380);   //终点
5  ani.path = aPath;
6  ani.duration = 1;
7  ani.timingFunction = [CAMediaTimingFunction
       functionWithName:kCAMediaTimingFunctionEaseIn];
8  ani.rotationMode = @"auto";
9  [ball.layer addAnimation:ani forKey:@"position"];
10 CFRelease(aPath);
```

第 1 行，我们再次创建了一个 CAKeyframeAnimation 对象。第 2 行，我们创建了一个自定义路径，最终是我们的动画路径。第 3 行和第 4 行，我们构建了一个路径，起点是（20，20），曲线控制点是（160，30）和（220，220），而终点是（240，380）。起点，控制点和终点在 CALayer 一起创建了一个平滑的曲线。为了帮助你想象这个曲线，让我们看看这些点在画布上的位置。

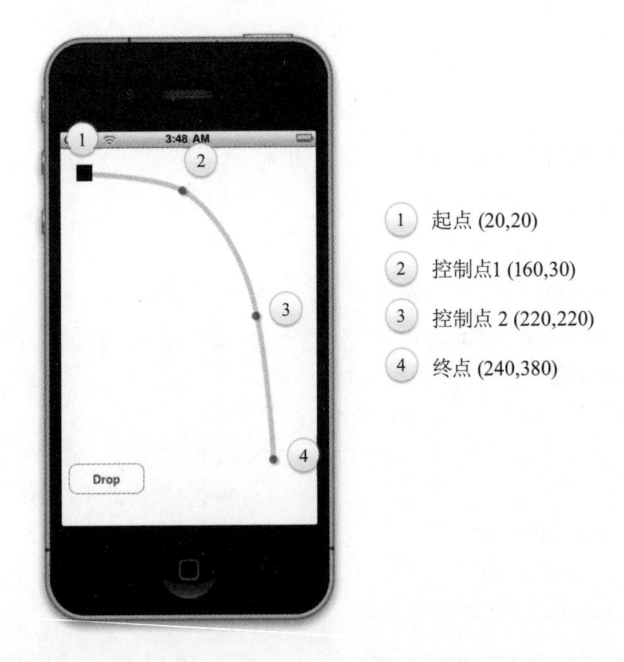

图11.3　使用控制点创建的自定义路径

正如你从图上看到的，iOS 自动连接控制点形成一个光滑的曲线，从而得到我们想要的路径。

接下来，第 5 行，我们把路径应用到动画上，第 6 行设置动画持续时间。第 7 行，设置时间函数，它控制整个动画过程中动画如何运动。这个例子中使用了 Ease In 时间函数，这意味着动画在开始时移动很慢，然后加速到终点——正如我们希望的从收件箱掉出来的效果。其他的时间函数，包括 EaseOut 和 EaseInEaseOut。

第 8 行是关键帧动画特有的。rotateMode 控制了沿着路径运行时层的方向。通过将该值设置为 auto，层将自动与路径保持相对一致的方向。这是一个很小的细节，但是却使我们创造的落体动画很有卖相。第 9 行和第 10 行，我们把动画添加到层，然后释放内存。

获取代码

请访问fromideatoapp.com/download/examples#mail-app-drop下载演示Mail应用程序落体动画效果的示例项目。

设计师注意事项

从设计师的视角来看，有几件事情预先知道的话，开发人员可以从中受益。举例来说，我们创建的模拟Mail应用程序自由落体效果的动画。如果由设计师来定义一个给定动画的路径和控制点，比开发人员来做这件事情要容易得多。作为一个设计师，如果来你定义动画的参数和动画的路径，你将会提高你的设计以及最终产品的质量和一致性。

动画过渡

接下来要讨论的 CAAnimation 类是 CATransition 类。CATransition 用于过渡整个层——而不仅是单独的属性。幸运的是，CATransition 非常简单，你需要关心的只有两个属性：类型和子类型。过渡类型决定了层要使用的过渡效果。由四个可用的选项，它们在表 11.1 中列出了。

表11.1
CATransition类型

方法	描述
kCATransitionFade	当前层淡出，位于其下的新的层显示出来。使用这个过渡类型，子类型将被忽略
kCATransitionMoveIn	新的层以子类型指定的方向移入视图。新的层位于当前层的顶部
kCATransitionPush	新的层以子类型指定的方向推进屏幕，而当前视图以子类型指定的方向的反方向推出屏幕
kCATransitionReveal	当前层以子类型中指定的方向移出屏幕，而位于其下层的新的层显示在屏幕上

过渡的子类型指定 CATransition 以什么方向移动，有四个可用的选项：

- kCATransitionFromRight；
- kCATransitionFromLeft；
- kCATransitionFromTop；
- kCATransitionFromBottom。

下面的代码代码片段演示了如何使用 CATransition 类。这里使用我们已经定义了的自定义 UIView，然后应用一个过渡动画。

```
1 CATransition *trans = [CATransition animation];
2 trans.type = kCATransitionReveal;
3 trans.subtype = kCATransitionFromLeft;
4 trans.duration = .5;
5 [self.layer addAnimation:trans forKey:@"transition"];
6 self.layer.backgroundColor = [UIColor blueColor].CGColor;
```

这段代码和以前的有很大不同。请回忆一下隐式动画和显式动画的区别。在本代码块中，我们修改了CALayer类的表现层又修改了它的模型层。因为CATransition在两个层之间过渡，我们添加了动画过后立马修改了当前层的模型层。结果是动画使用最后知道的表现层，而显式出来的新的层则使用模型层中新定义的值。

第1行，创建了新的CATransition对象，然后在第2行和第3行，设置了类型和子类型属性。第5行添加动画到层，然后在第6行对层的模型层做隐式的修改。

获取代码

请访问fromideatoapp.com/download/examples#mail-app-drop下载本示例项目以及其他关于Core Animation效果的项目。

3D变换

Core Animation允许你在层上应用3D变换，使得可以在3D空间变换平面的层。这并不意味着iOS会给你的层添加第三维，而是你可以容易得到在3D环境操作视图的效果。旋转和定位都可以在三维空间*x*、*y*、*z*坐标轴上使用。有了这个功能，你能轻松地实现自定义3D翻转动画，像第10章“iOS动画入门”讲述的transitionFromView方法。

UIKit的动画让你沿屏幕表面的平面平行地旋转对象。然而，通过使用3D变换，您可以沿*x*、*y*或*z*轴，或任何组合翻转你的视图。下面的代码示例演示了实现iPhone和iPod touch中看到的天气应用程序的3D翻转动画的必要步骤。

（1）创建一个绕 Y 轴（垂直）旋转的 CABasicAnimation。

（2）创建一个缩放 CABasicAnimation，以提高 3D 效果。

（3）合并翻转和缩放动画成一个单一的 CAGroupAnimation。

（4）在层上应用这组动画。

小窍门

在此方法中，我们使用 animationWithKeyPath 方法创建动画。这使得我们可以在创建动画类对象时指定动画的关键词，而不是要在最后当我们把动画添加到层时才指定。

```
1   //第1步：创建基本的Y轴旋转动画
2   CABasicAnimation *flip = [CABasicAnimation
        animationWithKeyPath:@"transform.rotation.y"];
3   flip.toValue = [NSNumber numberWithDouble:-M_PI];
4
5   //第2步：创建基本的绽放动画
6   CABasicAnimation *scale = [CABasicAnimation
        animationWithKeyPath:@"transform.scale"];
7   scale.toValue = [NSNumber numberWithDouble:.9];
8   scale.duration = .5;
9   scale.autoreverses = YES;
10
11  //第3步：合并缩放和翻转动画，使之成为一个动画组
12  CAAnimationGroup *group = [CAAnimationGroup animation];
13  group.animations = [NSArray arrayWithObjects:flip, scale, nil];
14  group.timingFunction = [CAMediaTimingFunction
        functionWithName:kCAMediaTimingFunctionEaseInEaseOut];
15  group.duration = 1;
16  group.fillMode = kCAFillModeForwards;
17  group.removedOnCompletion = NO;
18
19  //第4步：把动画组添加到我们的层
20  [self.layer addAnimation:group forKey:@"flip"];
```

就是这样！我们就有了自己自定义的3D卡片翻转动画！请记住代码块中我们实现的步骤。

(1) 第2～3行，创建了一个绕 y 轴旋转的CABasicAnimation。

(2) 第6～9行，创建了缩小卡片的以便提供3D效果的CABasicAnimation。

(3) 第12～17行，合并翻转和缩放动画成一个单一的CAGroupAnimation。

(4) 第20行，在层上应用这组动画。

获取代码

请访问fromideatoapp.com/download/examples#core-animation-demo下载本示例以及其他Core Animation效果的项目。

iOS应用程序蓝本

自定义动画

在第四篇“给你的应用程序添加动画”中，我们探讨了如何在 UIView 和 UIViewController 中整合自定义动画。在前几章中包含了许多示例，现在让我们看看如何把这些动画整合进不断增强的蓝本应用程序。开始之前，请先下载 fromideatoapp.com/downloads/blueprint4_assets.zip 文件以及 UIViewController 的特殊子类 CountdownViewController。

获取代码

本篇的蓝本涉及很多代码和图片资源。有一个完整的项目应该会更轻松一点，请访问fromideatoapp.com/downloads/blueprints下载FI2ADemo项目。

概述

在这个蓝本中，我们将要整合一个自定义 UIViewController，叫做 CountdownViewController。其实，这是我为 Kelby Training 多个应用程序而创建的自定义 UIViewController 类，并且我发现它工作得很好。

CountdownViewController 类很简单。视图控制器使用一个倒计时的数字来初始化自身，以及一个委托来倒计时控制事件。倒计时控制事件委托必须实现的是 countdownDidStart、countdownDidFinish 和 countdownDidCancel。大多数时候，委托就是创建倒计时的控制器。

我们将修改 T2_TableViewController 类，以便当一行选中时，控制器显示一个新的 CountdownViewController。简单起见，我们假设第一行倒计时是 2 秒，第二行是 4 秒，再下一行是 6 秒，依此类推。你选择的行决定了倒计时开始的数字。

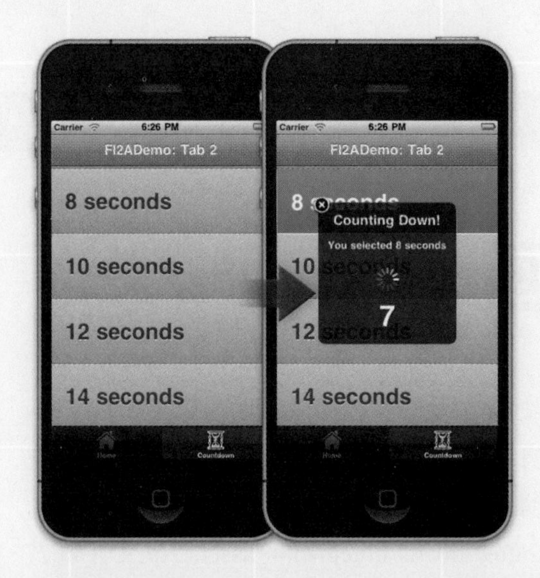

为了实现 CountdownViewController，我们执行以下的步骤。

（1）复制 Countdown 文件夹（从 blueprint4_assets.zip 压缩包里）到 Classes 文件夹。复制图像 closebox.png 到我们应用程序资源文件夹。

（2）实现 CountdownViewController 的委托方法。

（3）实现 T2_TableViewController 类的方法 didSelectRowAtIndexPath，以便显示倒计时。

步骤1

从 fromideatoapp.com/downloads/blueprint4_assets.zip 下载蓝本的资源文件包，然后解压 zip 文件，拖曳 Countdown 文件夹到 Xcode 项目的 Classes 文件夹，拖曳 closebox.png 图像文件到应用程序资源文件夹。当弹出窗口询问时，选择“copy the filse to the destination' s group folder”。Countdown 文件夹包括两个类：一个是 UIView 子类，另一个是 UIViewController 的子类。我将使用 closebox.png 图片作为倒计时界面的 Cancel 按钮。

这个 UIView 子类叫做 HUDView。HUDView 是一个非常简单的类，它只是以 66% 的透明度绘制一个圆角矩形（我们已经在第 8 章“创建自定义 UIView 和 UIViewController”中学过了）。当 CountdownViewController 初始化时，不是使用 nib 或者 viewDidLoad，而是使用 loadView 关联它自己的视图（本例中，是 HUDView 的实例）。因此，当你创建 CountdownViewController 实例时，这个控制器的视图就是一个 66% 透明度的圆角矩形——完美的 HUD。

步骤2

现在，我们的类已经包含在项目中，我们需要把它们导入到 T2_TableViewController 头文件。另外，我们还需要确保 T2_TableViewController 遵循 CountdownViewControllerDelegate 协议。这意味着 T2_TableViewController 将实现 countdownDidStart, countdownDidFinish 和 countdownDidCancel 方法。

为了在 T2_TableViewController 中导入 CountdownViewController 头文件和使之遵循 CountdownViewControllerDelegate 协议，我们需要在 T2_TableViewController 头文件中修改两处：

```
1  #import <UIKit/UIKit.h>
2  #import "CountdownViewController.h"
3
4  @interface T2_TableViewController : UITableViewController
       <CountdownViewControllerDelegate> {
5
6  }
7
8  @end
```

第 2 行，我们导入 CountdownViewController.h 文件，第 4 行我们指定 T2_TableViewController 类遵循 CountdownViewControllerDelegate 协议。现在我们需要实现真正的 CountdownViewController 协议方法。

我们在 T2_TableViewController.m 中加入以下代码块：

```
1  ////////////////////////////////
2  // Countdown Delegate Methods //
3  ////////////////////////////////
4  - (void)countdownDidStart:(CountdownViewController *)countdown{
5      self.tableView.allowsSelection = NO;
6  }
7
8  - (void)countdownDidCancel:(CountdownViewController *)countdown{
9      [countdown dismissCountdown:YES];
10     self.tableView.allowsSelection = YES;
11 }
12 - (void)countdownDidFinish:(CountdownViewController *)countdown{
13     [countdown dismissCountdown:YES];
14     self.tableView.allowsSelection = YES;
15 }
```

当 CountdownViewController 调用其委托的方法时，同时提供了自身的引用。这很有用，因为我们可以视情况而选择关闭该控制器或重新启动。第一种方法，从第 4 行到第 6 行，我们实现了 countdownDidStart 方法。因为在我们的 UITableView 选择一行会启动一个新的计时器，所以当计时器启动后，要禁用我们的表视图的行再次被选中。第二种方法，从第 8 行到第 10 行，我们处理定时器被取消的情况。第 9 行，我们关闭定时器，并启用表视图的可选择性。最后，从第12行到14行，我们处理计时器完成正常的情况。同样，我们在第 13 行关闭计时器，并启用 tableView 的可选择性。

步骤3

接下来，我们创建并显示 CountdownViewController。在 T2_TableViewController.m 文件中实现 didSelectRowAtIndexPath 方法。

```
1  - (void)tableView:(UITableView *)tableView
   didSelectRowAtIndexPath:(NSIndexPath *)indexPath {
2
3      //创建新的计时器
```

```
4        // 使用（Row+1）*2初始化（因为行号是从0开始的）
5        // 把委托设为自己
6        CountdownViewController *count = [[CountdownViewController alloc]
             initWithCount:(indexPath.row+1)*2
             withDelegate:self];
7
8        // 配置我们的计时器文本
9        count.textLabel.text = @"Counting Down!";
10       count.detailLabel.text = [NSString
             stringWithFormat:@"You selected %d seconds",
                     (indexPath.row+1)*2];
11
12       //在我们的导航控制器中显示计时器
13       [count presentInView:self.navigationController.view animated:YES];
15       [count release];
16
17   }
```

这里是我们 T2_TableViewController 类的 didSelectRowAtIndexPath 的方法。该方法在表示图一行被选中时调用。第 6 行，我们使用行序号的两倍（加 1 是因为行序号是从 0 开始的）作为开始数字来创建新的倒计时控制器，以及把委托设置为自身。还记得我们刚刚在前一个步骤已经实现了委托方法。接下来，第 9 行和第 10 行，我们设置了显示倒计时的文本标签的文本。最后在第 13 行，我们在导航控制视图中显示倒计时。

那么为什么我们要在导航视图控制器的视图中显示倒计时呢？因为 self 是 UITableViewController，self.view 是 UIScrollView 的子类，这意味着它可以滚动。如果我们在 self.view 中显示倒计时，就能在屏幕上滚动倒计时。这可不是我们想要的 HUD 效果。

给CountdownViewController添加动画

CountdownViewController 是你在应用程序中使用动画的极好的例子。请注意，当计时器逐渐放大显示在屏幕上时，就仿佛是在屏幕上弹出的。这种效果是使用我们在第 10 章“iOS 动画入门”中学到的标准 UIView 动画区块技术。让我们来看看代码：

```
1  - (void)presentInView:(UIView *)view
             animated:(BOOL)animated{
2
3      if(animated){
4          // 如果animated 布尔值是 YES
5          // 设置视图的初始状态
6          // 为3倍缩放、中心，透明度是0
7          CGAffineTransform t = self.view.transform;
8          self.view.transform = CGAffineTransformScale(t, 3.0, 3.0);
9          self.view.center = view.center;
10         self.view.alpha = 0;
11
12         // animated布尔值是YES，启动动画区块
13         // 并且设置缩放倍数为1（这将产生动画）
14         [UIView beginAnimations:@"present-countdown" context:nil];
15         [UIView setAnimationDuration:.33];
16         [UIView setAnimationCurve:UIViewAnimationCurveEaseOut];
17         [UIView setAnimationDelegate:self];
18         [UIView setAnimationDidStopSelector:
                  @selector(presentAnimationDidStop)];
19
20         self.view.transform = CGAffineTransformScale(t, 1, 1);
21     }
22
23     // 定义视图最终的位置和透明度
24     // 如果播放了动画，这些值
```

```
25      // 将会是动画区块里设置的值，并且它们
26      // 将会从初始状态变换到这些值
27      // 如果animated布尔值是NO，动画区块将会
28      // 跳过，这些值将会变成新的
29      // 初始值（和最终值）
30
31      self.view.center = view.center;
32      self.view.alpha = 1;
33      [view addSubview:self.view];
34
35      // 如果animated布尔值是 YES，提交动画区块
36      if(animated)
37          [UIView commitAnimations];
38  }
```

你会发现我们做一个有条件分支的动画。方法 presentInView:animated: 允许传递一个布尔值 animated，决定添加到屏幕上的倒计时是否播放动画。而要做到这一点，我们把动画代码分割成两部分。

首先，如果 animated 设置为 NO 时该函数怎么执行。从第 31 行才开始执行，这里我们设置视图最终的外观。因为动画区块包装在 if 语句中，它从来不会执行，所以视图不会有动画。

现在，考虑 animated 传递 YES。这时真正起作用的代码从第 7 行开始执行。这里我们设置视图为正常情况下的 3 倍尺寸，透明度设置为 0。我们前半段的动画代码是从第 14 到第 18 行。

我们知道，从动画区块之前的值到动画区块内部设置的值会自动使用动画过渡。如果 animated 布尔值设置成 NO，动画区块从来不会执行，所以开始状态就是最终状态（从第 31 到第 33 行）。如果 animation 布尔值设置为 YES，视图将接收初始状态（从第 7 行到第 10 行），然后使用动画过渡

到最终状态（第 31 行到第 33 行）。这仅仅是你在自己的应用程序中使用动画的实际例子之一。

获取代码 ➠➠➠

CountdownViewController实现了几种不同类型的哦哪个好，包括关闭视图和倒计时动画。从fromideatoapp.com/downloads/blueprints下载FI2ADemo，查看这些以及更多的例子。

第五篇

人机交互：手势

第12章

iOS手势入门

什么是手势？更重要的是，为移动应用程序设计用户体验时关手势什么事儿？我们已经探讨了设计用户界面，看过各种iOS导航比喻，详细讲述了你的工具箱中大量的用户界面元素，以及把这一切整合在一起的漂亮的动画。但是最后，又会回到人机交互。iOS设备的应用程序和网页应用程序或者桌面电脑应用程序最大的差异归结为手势——用户如何和iOS应用程序以及iOS硬件的交互（回忆一下我们曾经在第3章中对HID的讨论）。

应用程序响应手势，而不是点击。

这是苹果公司的人机交互界面指南中所列出来的基本原则之一。桌面计算机应用程序响应的是键盘的输入或鼠标的点击等，而 iOS 应用程序响应的是手势。例如轻击、拖动、弹动和擦拭——所有的这些都是由 iOS 系统定义的。正如您所期望的，伴随着这些定义的还有预期的行为。重要的一点是，您的应用程序在整个 iOS 运行环境中应该保持一致的手势。

了解苹果定义的手势

为了保持所有 iOS 应用程序的一致性，苹果公司定义了一些标准的手势以及它们所产生的预期行为。在设计您的应用程序时，遵循这些指导准则非常重要，因为用户在系统内置的应用程序里，如短信、照片、地图和邮件中已经很熟悉使用每种手势和行为了。苹果预设的手势是：

- 轻击；
- 拖曳；
- 弹动；
- 轻扫；
- 双击；
- 捏合/捏离；
- 长按；
- 摇晃。

注意事项

这里包括的仅仅是苹果内置的手势和预期行为。实现一些苹果尚未定义预设行为的额外手势也是可能的，比如三连击和双指滑动。我们将在第 13 章“创建自定义的 iOS 手势”中讨论如何实现自定义手势。

轻击

用一个手指单击这是 iOS 设备上最直观的手势之一。有点类似于台式计算机上面的鼠标点击，一次轻击就是对屏幕实施一个短暂的触摸，用于选择、突出显示或者控制 UI 元素。

拖曳

单指拖曳一般用来滚动或平移屏幕视图。拖曳手势跟踪用户的手指在屏幕上的位置从而能移动基本的 UI 对象。拖曳手势通常用于对象位置的微调，例如照片或 UIScrollView。

通过触碰引起的单指轻击手势

通过一个手指连续的保持触碰并移动引起的拖曳手势

图12.1 触碰和拖曳手势

弹动 Flick

弹动是用于快速滚动或平移视图的单指手势，不要与拖动相混淆。iPhone 引入了惯性滚动的概念。这意味着当用户弹动屏幕的时候，并不希望手指抬起的时候马上停止，而是画面继续滚动并慢慢减速最后才停下来。这样就可以使得用户通过弹动能快速而直观地查看一个长长的列表或浏览分页滚动的视图，例如浏览 iOS 主屏幕。

轻扫 Swipe

扫动由一个滑动动作触发，用来暴露某个元素的附加功能。虽然拖曳和弹动的手势都可以用于导航 UIScrollView 或者与特定对象进行交互，但是扫切仅仅是用于交互的。扫动常用于 UIScrollViewCell，比如显示出删除按钮、回复按钮，或者是与这个应用程序或者任务的其他相关的特定选项。

图12.2 弹动和扫动手势

通过短暂而一定方向的触碰引起的弹动手势

通过一定方向的触碰（持续时间长于弹动，但不连续）引起扫动手势

双击

双击就是用户用手指在相同位置快速触摸屏幕两次（类似于双击）。这个手势用来自动放大或缩小图像或者 UIScrollView。在系统自带的照片应用程序里，它是用来聚焦到照片的任何一个位置。如果一个 UIScrollView 启用了缩放，那么双击手势可以让用户快速缩放到预定的尺寸大小。

捏合/捏离

捏合和捏离可以控制 UIScrollView 的内容缩放，在系统自带的照片应用程序中，这些手势可以让用户放大或缩小图片。在 Safari 应用程序中，它可以允许用户放大或缩小网页。截至 iOS 4.2，捏合捏离手势是苹果公司的人机接口指南中唯一定义的多点触碰手势。

图12.3 双击和捏合捏离手势

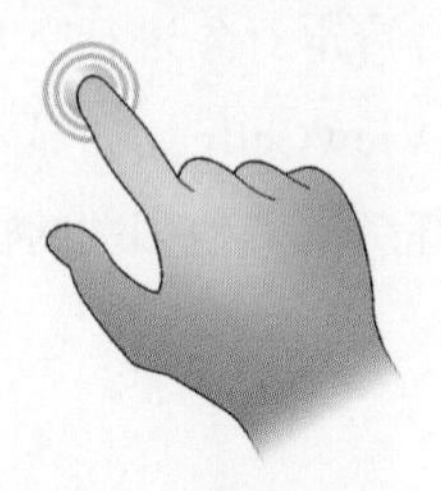

通过两次快速触碰相同位置的双击手势

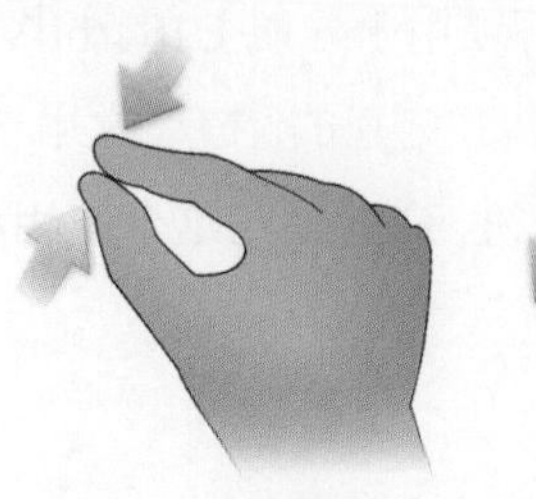

通过手指的捏动作产生的捏合和捏离手势

长按

长按手势是用来微调选择文本或者文本上的光标位置。当用户在可编辑文本上长按时，iOS 会放大光标所在位置。而同样的动作发生在网页或者可选中文本中时，iOS 会提供选择或者复制文本的操作供用户选择。长按还会显示一个可以发生在某对象上的一组操作（以 UIActionSheet 形式显示）。例如，在 Safari 中，它可以让用户在新窗口中打开链接，复制图像，或拨打一个电话号码。

摇晃

在 iOS 3.0 中，苹果公司引入了摇晃手势执行撤销操作，这是所有 iOS 应用程序的标准。当 iOS 设备受到物理摇晃时，它将触发引用程序可以捕获的摇晃事件。您可以使用此信息来实现应用程序的撤销行为。在 UITextField 和 UITextView 中，苹果已经支持了对可编辑文本输入的摇晃撤销行为。

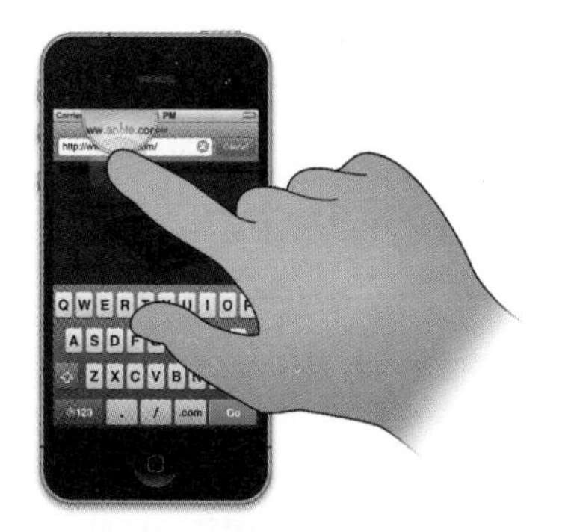

点击并保持一定时间引起的触碰并保持手势

摇晃iOS设备引起的摇晃手势

图12.4　触碰、保持和摇晃手势

手势和UIKit

很多在 UIKit 的 UI 元素都是拿来就能直接使用的，类似于开袋即食的食品。在大多数情况下，你不需要去做一些额外的开发来实现手势。你只需要简单地把它们整合到应用程序的工作流程中。由于按钮、滑动条、输入和控件都是父类 UIControl 的子类，这些元素通过响应 UIControlEvent 自动响应轻击或者拖曳手势（参考第 6 章“用户界面按钮、输入、指示器以及控件”的章节“控件和按钮”)。同理，因为 UITableView 从 UIScrollView 派生而来，继承了它的属性，所以自动包含了在表中滚动的功能。

然而，如果出于某些原因，你在应用程序中不需要某些手势，那么你可以配置是否启用某些手势。例如，UITableView 可以应用扫动手势删除行，如果这不想要每次扫动时都出现一个删除按钮，那么你可以禁用这个手势。

在第 9 章“创建自定义表视图”我们重点在创建和配置自定义表视图和 UITableViewController。现在，我们将学习如何在 UIScrollView 中配置指定的手势。作为设计师，你应该对你的 UI 元素响应哪些不响应哪些手势心里有数。

设计师注意事项

考虑你的应用程序的手势就如用户所期望的那样，这很重要，但是要记住并不是每个用户都知道何时使用一个特定的手势也很重要。在可能的情况下，提供一个备用的手段来完成每一项任何。考虑系统自带的Mail应用程序，用户可以扫动删除一个邮件，或者点击编辑按钮，选择一行，然后点击删除。努力在直观的手势和明显的操纵方式之间寻找平衡。

UIScrollView手势

正如在第 4 章“基本的用户界面对象”讨论的，UIScrollView 是用于显示超过视图边界内容的特殊类。简而言之，滚动视图允许用户缩放和平移其他的视图。系统自带的地图应用程序就是 UIScrollView 极好的例子：用户可以使用一个手指重新定位地图，捏开和捏合从而控制缩放的级别，以及使用双击快速放大和缩小。

所有的这些交互都是 UIScrollView 内置的行为。为了在你的应用程序中配置这些行为，你需要知道些什么呢？首先，让我们回过头，再看看 UIScrollView。

滚动和平移UScrollView

当用户手指在 UIScrollView 里拖曳时，内容子视图会自动调整位置。你可以使用表 12.1 列出的属性管理 UIScrollView 里的滚动和平移行为。

表12.1
UIScrollView
属性：滚动行为

属性	描述
scrollEnabled	该布尔值决定了滚动视图是否允许滚动。如果该值是NO，滚动视图忽略所有的拖曳手势
directionLockEnabled	如果该布尔值是YES，会强制滚动视图一次只能在一个方向上滚动。例如，用户开始向上或者向下滚动则锁定在向上/向下滚动，直到拖曳手势结束
scrollsToTop	如果该值是YES，允许用户在位于屏幕顶端的状态条上单击时，滚动视图自动滚动到最顶端
pagingEnabled	如果该值是YES，内容的偏移自动定位在滚动视图边界的整数倍。最好的例子是有很多应用程序图标的iOS的主屏幕。iOS主屏幕可以看成一个该属性值是YES的UIScrollView。因为该值是YES，所以滚动视图在用户向左向右移动时自动定位在屏幕的整数倍处，而不是停在两页之间。另一个例子是系统自带的图片应用程序在全屏模式下浏览图片
bounces	如果该属性是YES，滚动视图允许用户滚动出内容视图边界一点点，但自动使用橡皮筋反弹效果的动画使之又回到边界。启用这个属性通常是一个好主意
alwaysBounceVertical	允许用户控制竖直方向的边界反弹
alwaysBounceHorizontal	允许用户控制水平方向的边界反弹
indicatorStyle	滚动视图的滚动指示器就像桌面应用程序的滚动条。你可以定义滚动视图的指示器是黑色或者白色。选择与你的应用程序环境形成鲜明对比的颜色
showsHorizontalScrollIndicator	该布尔值定义了水平滚动指示器是否可见
showsVerticalScrollIndicator	该布尔值定义了竖直滚动指示器是否可见
flashScrollIndicators	该方法先播放滚动指示器，然后又使其消失在屏幕上（如果可用）

开发者注意事项

无论你是实现UIScrollView或者UITableView，在你的UIViewController的viewDidApper:方法中调用flashScrollIndicators总是一个好主意。这给用户提供了总要的视觉反馈，告诉用户滚动视图包含了一些在当前屏幕之外的内容。

UIScrollView缩放

苹果公司的人机界面指南中定义了两个控制 UIScrollView 缩放功能的手势：

- 捏离和捏合；
- 双击缩放。

注意事项

你可以使用 UIScrollView 类的委托方法轻松实现捏手势缩放。然而，为了实现双击缩放，你将需要实现 UIGestureRecognizer。我们将在第 13 章“创建自定义 iOS 手势”中探讨如何使用 UIGestureRecognizer。

在你的滚动视图中使用缩放功能之前，你必须首先配置表 12.2 中的滚动视图属性。

表12.2
UIScrollView 属性：滚动行为

属性	描述
maximumZoomScale	这个浮点数（小数）决定了内容视图最大的缩放倍数。如果该值是2，而内容视图是100×100，那么滚动视图缩放的最大尺寸是200×200
minimumZoomScale	这个浮点数（小数）决定了内容视图最小的缩小倍数。如果该值是0.5，而内容视图是100×100，那么滚动视图缩小的最小尺寸是50×50

续表

属性	描述
bouncesZoom	该值决定了用户是否可以缩放视图超过定义的范围，然后播放橡皮筋弹回效果的动画使视图回到最小或者最大的缩放倍数
contentSize	CGSize类型，该属性定义了滚动视图内容的高度和宽度

开发者注意事项

如果需要，UIScrollView会提供控制方法以编程的方式来进行内容变焦。你可以选用zoomToRect:animated 或者 setZoomScale:animated方法。如果你的设计需要用户在地图或者图片的默认位置缩放，那么这些方法非常有用。例如，如果地理位置可用，iOS使用这些方法来自动定位地图应用程序。

在你的滚动视图能使用缩放功能之前，必须定义表12.2中列出的四个属性。在你配置了滚动视图必需的属性后，你必须告诉UIScrollView真正缩放和滚动的是哪个视图。你可以在滚动视图的委托里实现下面的方法来达到目的。

```
1  -  (UIView*)viewForZoomingInScrollView:(UIScrollView *)scrollView{
2      return myImage;
3  }
```

上面的代码告诉滚动视图在UIScrollView上面进行滚动和平移手势时，缩放和滚动UIImageView，即myImage。

我们最终的代码应该类似于如下代码：

ScrollViewController.h

```
1  #import <UIKit/UIKit.h>
2  @interface ScrollViewController:UIViewController <UIScrollViewDelegate>{
3
4      UIScrollView *myScrollView;
```

```
5      UIImageView *myImage;
6
7      }
8   @end
```

上面的代码块，我们建立了ScrollViewController.h文件。第2行，注意到我们在接口声明中使用了一个新的参数<UIScrollViewDelegate>。这个标识符告诉iOS这个自定义UIViewController类将实现UIScrollView委托方法。如果我们想要设置滚动视图的委托为自己，则必须包含这一行代码。

ScrollViewController.m

```
1   #import "ScrollViewController.h"
2   @implementation ScrollViewController
3   - (void)viewDidLoad {
4      [super viewDidLoad];
5      myImage = [[UIImageView alloc] initWithImage:
                                      [UIImage imageNamed:@"pic.png"]];
6
7      myScrollView = [[UIScrollView alloc]
                             initWithFrame:CGRectMake(0, 0, 320, 480)];
8      myScrollView.maximumZoomScale = 3;
9      myScrollView.minimumZoomScale = 1;
10     myScrollView.contentSize = myScrollView.frame.size;
11     myScrollView.delegate = self;
12
13     [myScrollView addSubview:myImage];
14
15    }
16  - (UIView*)viewForZoomingInScrollView:(UIScrollView *)scrollView{
17     return myImage;
18  }
```

上面这段代码，我们实现了 ScrollViewController.m 文件。这里，我们展示了 viewDidLoad 方法和 viewForZooming InScrollView: 滚动视图委托方法。当滚动视图准备缩放时，它会在委托（目前在第 11 行设置为 self）上调用 viewForZoomingInScrollView: 方法。

在本例中，我们总是返回 myImage 作为滚动视图要缩放的视图。然而，如果你正在创建一个自定义地图应用程序，我们可以使用此方法有条件地返回基于当前缩放级别相应分辨率的图片。如果我们缩小了，我们可以返回一个较低细节的地图。如果我们放大了，我们可以返回一个更高细节的地图。在下一章中，我们将探讨如何在自定义视图中使用 USGestureRecognizer 实现双击缩放。

获取代码

请访问fromideatoapp.com/download/example#scrollviewgest下载包含了UITapGestureRecognizer等更内容的示例项目。

设计师注意事项

在你的设计被实施之前，仔细思考你的滚动视图的最大和最小缩放比例。如果你正在设计一个二次开发的应用程序，指明你的滚动视图是否可以被缩放以及缩放的比例。还要注意你的图片的默认contentSize（无缩放）。

第13章

创建自定义iOS手势

一般情况下，最好不要定义新的手势。等等，什么？你可能会问自己，为什么开辟了整整一章的篇幅来探讨创建自定义手势，难道仅仅是为了说避免创建新的手势？

对于大多数应用程序，这是真的，苹果公司建议你不要滥用新的手势，尤其是已经有约定行为的新手势。我这里所说的新的手势，是指类似于使用划勾手势执行确认操作，或者在屏幕上画一个大大的 × 执行删除操作。应用程序都应该是简单的，强制用户学习新的和不必要的手势，只会增加您的应用程序的学习曲线，并迅速降低其直观性。

不过，自定义手势有一个用武之地。本书中我们已经大量讨论了创建自定义的 UIView 和自定义动画。因为我们是从头开始创建这些视图，它们显然不支持苹果提供的任何手势，至少不是开箱即用。这就是本章的用武之地。在 iOS 3.2 中，苹果公司添加了内置的手势识别，它可以通过你的控制器方便与任何 UIView 相连。请记住模型—视图—控制器分离的模式。这些手势识别器允许你创建自定义视图，然后无缝地把它们挂接到你的控制器上。这意味着你不必重新发明轮子：解密触摸模式数组来添加常见的手势，例如平移、点击、旋转等。

如果我们想要设计一个纸牌游戏，允许用于翻转桌子上的纸牌或者拖曳和旋转以便重新排列它们。或者如果我们想要让用户通过摇晃手机来洗牌。我们需要怎么做呢？我们可以创建一个 UIViewController，而我们知道如何为纸牌创建自定义的 UIView。但是一旦 cardView 作为子视图添加到我们的 boardViewController，我们如何知道用户双击、旋转或者拖曳纸牌呢？我们如何知道用户摇晃电话呢？

本章，我们将通过学习如何创建和管理基于触摸和运动的手势，完成我们的旅程，从 iOS 用户界面到动画手势。

检测UIView触摸事件

跟踪 UIView 触摸事件有几个不同的方法。触摸存储在叫做 UITouch 的对象里，它跟踪位置、点击数目和每个触摸事件的时间戳。我们要讨论的第一种技术是重载你的 UIView 中的一系列方法来跟踪离散的交互。基本上，我们创建这样的东西：

图13.1 跟踪UIView的触摸事件

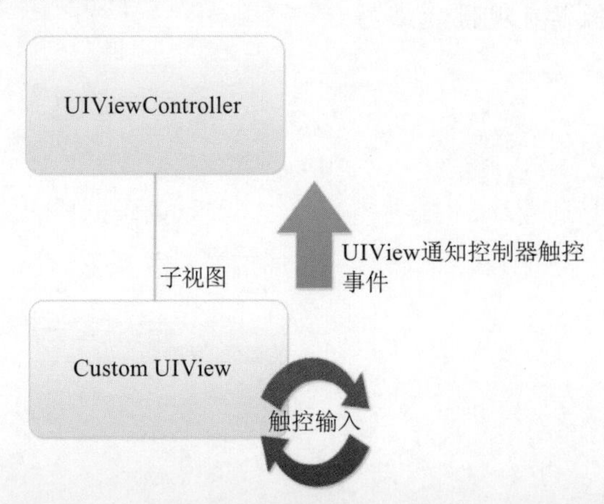

这个技术涉及给视图控制器关联视图添加自定义子视图。我们已经在第 8 章“创建自定义 UIView 和 UIViewController”中介绍过了。接下来，我们重载我们的 UIView 的一些方法（类似于重载 drawRect 创建自定义视图）来检测视图的触摸事件。当我们的视图看到一个新的触摸事件时，它会通知控制器某处可以采取适当的行动。

但是，在能够探测我们的 UIView 触摸事件之前，我们必须检查以下的属性：

- userInteractionEnabled；
- multipleTouchEnabled。

默认情况下，userInteractionEnabled 设置为 YES，允许注册触摸事件，而 multipleTouchEnabled 设置为 NO，这将导致每次只能看到一个触摸事件。

根据我们需要跟踪的触摸事件类型设置了 userInteractionEnabled 和 multipleTouchEnabled 属性之后，我们需要重载 UIView 中的以下方法：

- touchesBegan:withEvent:；
- touchesMoved:withEvent:；
- touchesEnded:withEvent:；
- touchesCancelled:withEvent:。

这些方法都提供了两个参数：NSSet（不同对象的集合），指实际的 UITouch 事件；UIEvent，一个提供了某个触摸动作所有触摸事件的对象（例如，如果你拖曳一个对象，UIEvent 使你可以访问拖曳运动中所有的触摸数据。

触摸开始

当首次触摸 UIView 时触发触摸开始。通过重载这个方法，你可以通知控制器这个触摸事件，或者设置一个局部变量并且调用 setNeedsDisplay 刷新视图。下面的代码块演示了如何识别 touchesBegan 事件，然后改变视图的背景颜色。

```
1  //当我们的UView第一次创建时调用
2  - (id)initWithFrame:(CGRect)frame {
3      if (self = [super initWithFrame:frame]) {
4          bgColor = [UIColor redColor];
5      }
6      return self;
7  }
8
9   //当我们视图需要刷新显示时调用
10 - (void)drawRect:(CGRect)rect{
11     CGContextRef context = UIGraphicsGetCurrentContext();
12     [bgColor set];
13     CGContextFillRect(context, rect);
14 }
15
16 //当视图收到触控开始事件时调用
17 - (void)touchesBegan:(NSSet *)touches withEvent:(UIEvent *)event{
18     if([bgColor isEqual:[UIColor redColor]])
19         bgColor = [UIColor blueColor];
20     else
21         bgColor = [UIColor redColor];
22     //调用设置我们的视图需要使用新的颜色刷新显示
23     [self setNeedsDisplay];
24 }
```

第 2 行到第 6 行重载了 UIView 的初始化方法，并且设置了一个局部变量 bgColor。在第 10 行到第 13 行，在 drawRect 方法中 bgColor 用来填充视图。这些应该和第 8 章"创建自定义 UIView 和 UIViewController"很类似，但是我们主要是使用定义为局部变量的纯色填充 UIView 背景。

我们在第 17 行到第 24 行检测触摸事件。因为 userInteractionEnabled 属性设置为 YES，如果我们实现了 touchesBegan:withEvent 方法，只要开始触摸事件，iOS 将会自动调用此方法。第 18 行到第 21 行只是一个简单的 if-else 条件语句块，bgColor 在红色和蓝色之间切换（如果 bgColor 最后一次触摸是红色的，将会变成蓝色，反之亦然）。改变 bgColor 变量之后，我们调用第23行的setNeedsDisplay，该函数将刷新视图并改变其颜色。

触摸移动

只要在UIView上触摸并移动就会调用touchesMoved方法。然而有一个缺点，只有在之前触发touchesBegan:withEvent:的相同视图才触发touchesMoved:withEvent:。所以，如果有人触摸一个视图，然后移动到另外一个视图，那么第二个视图不会注册新的触摸移动事件。

让我们使用前面的代码，把下面实现touchesMoved的代码追加到前面代码的第16行。

```
1  //当视图收到触摸移动事件时调用
2  - (void)touchesMoved:(NSSet *)touches withEvent:(UIEvent *)event{
3      bgColor = [UIColor greenColor];
4      //调用设置我们的视图需要使用新的颜色刷新显示
5      [self setNeedsDisplay];
6  }
```

就像在touchesBegan中改变bgColor一样，这里我们只要检测到touchesMoved事件就把颜色改变成绿色。

注意事项

每次视图中的触摸位置发生改变都会调用touchesMoved方法。这意味着它将会非常频繁地被调用，只要用户在视图上拖曳手指，所以不要再此方法中进行复杂或者耗资源的操作。

触摸结束

当用户手指从显示屏上抬起就会触发touchesEnded方法。这意味着单击手势调用首先touchesBegan，然后立刻调用touchesEnded方法。拖曳手势则首先调用touchesBegan方法，然后调用touchesMoved，最后调用touchesEnded。

这实际上是UIControl实现按钮UIControlEvent的方式，例如UIControlEventTouchDown、UIControlEventTouchUpInside和UIControlEventTouchDragInside等。

回到我们的示例代码。因为我们知道每次触摸事件的最后都会触发touchesEnded方法，所以我们不要简单在该方法中改变颜色，否则不管是单击还是拖曳事件都会调用touchesEnded方法。只有点击数量大于等于2才改变颜色。

```
1 - (void)touchesEnded:(NSSet *)touches withEvent:(UIEvent *)event{
2     //从触控事件集合中获取一个UITouch对象
3     //以便我们计算点击的次数
4     UITouch *touch = [touches anyObject];
5     if([touch tapCount] >= 2)
6         bgColor = [UIColor blackColor];
7     [self setNeedsDisplay];
8 }
```

首先，我们必须从触摸事件提供的事件集合中获取一个UITouch对象。因为我们并不在意引用了哪个事件对象（如果是多点触碰事件，会存在多个事件对象），所以第4行只是使用anyObject。一旦有了事件的引用，我们只需要检查tapCount是否大于等于2（第5行），如果是的话就改变颜色（第6行）。当完成所有事情，我们在第7行调用setNeedsDisplay刷新视图。

触摸取消

只要触摸序列被系统事件（例如内存不足或者电话来电）打断，就会调用touchesCancelled方法。你可以使用此方法来重置视图，或者存储重要的状态信息，以便视图恢复时使用这些信息。下面的代码在触摸取消事件发生时重置背景颜色为红色。

```
1  - (void)touchesCancelled:(NSSet *)touches
               withEvent:(UIEvent *)event{
2      bgColor = [UIColor redColor];
3      [self setNeedsDisplay];
4  }
```

获取代码

请访问fromideatoapp.com/download/example#uiview-touch下载包含更多跟踪UIView触摸事件例子的项目。

手势识别器

我们已经学会了如何手动跟踪 UIView 触摸事件，但实际上还有一个更简单的方法跟踪常见的手势，使用在 iOS 3.2 中引入的手势识别器（UIGestureRecognizer）。UIGestureRecognizer 是一个简单的类，和 UIView 相关联。当手势识别器在与其相关联的视图观察到其配置的手势时，就会自动发信号给动作选择器方法。换句话说，我们创建了视图后，我们赋予它一个手势识别器，给识别器指定一个要执行的动作，以便识别手势后执行这个动作。

图13.2　使用手势识别器检测触摸

苹果公司已经创建了6 个手势识别器，都是 UIGestureRecognizer 的子类。你可以使用这些预定义的手势识别器，这将满足您开箱即用的需求，或者是捕获触摸数据流，然后创建自己的手势识别器。现在，我们只使用这些预定义的识别器中的一个：

- UITapGestureRecognizer；
- UIPinchGestureRecognizer；
- UIRotationGestureRecognizer；
- UIPanGestureRecognizer；
- UISwipeGestureRecognizer；
- UILongPressGestureRecognizer。

与视图关联的手势识别器的数目没有限制。只要你愿意，你可以在同一个视图上关联一个平移手势和一个旋转手势识别器，赋予你平移和旋转的控制能力。同样，也可以指定相同的手势识别器，例如，注册一个双击和三击手势识别器，分别使用不同的动作。

小窍门

为了让两个不同的手势识别器同时注册触摸事件，你必须通过实现 gestureRecognizer:(第一个手势识别器) shouldRecognizeSimultaneouslyWithGestureRecognizer:(第二个手势识别器)。请访问 fromideatoapp.com/reference#simulGR 获取同时手势识别器的更多信息。

每个手势识别器都通过一系列的状态，用以决定 UIGestureRecognizer 的行为。这些状态（UIGestureRecognizerState）存储在手势识别器对象的状态属性里，可以随时检查它们。手势识别器状态包括 Possible、Began、Changed、Ended、Cancelled、Failed、Recognized 和 Ended。有些手势只在状态是 Ended 时才触发，而有些手势只有当状态改变时才触发。如果必要，你可以在处理程序中检查识别器的状态，从而实现有条件的操作。请访问 fromideatoapp.com/reference#recognizerstates 获得更多的信息。

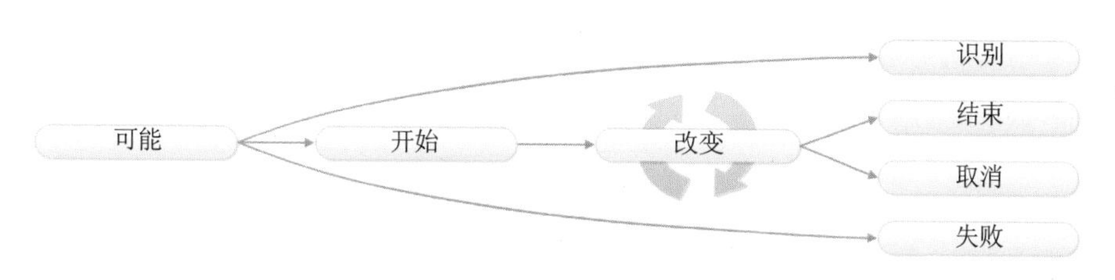

图13.3 手势识别器状态图解

设计师注意事项

在我们学习不同类型的手势识别器过程中，尽量不要迷失在代码或者具体的实现中。密切关注每个手势可以配置的选项，以及思考如何在你的应用程序中使用它们。手势识别器使得可以很容易整合一个、两个甚至三个手指的轻扫，平移或者轻击。再提醒一次，视图上可以应用的手势数量没有限制。

UITapGestureRecognizer

当使用指定数目的手指头在关联的视图上轻击指定数目次数就会触发轻击手势识别器。例如，以下的代码块创建了一个单次轻击 UITapGestureRecognizer。

```
1  UITapGestureRecognizer *oneTap = [[UITapGestureRecognizer alloc]
                                        initWithTarget:self
                                        action:@selector(handleOneTap:)];
2  oneTap.numberOfTapsRequired = 1;
3  oneTap.numberOfTouchesRequired = 1;
4  [myView addGestureRecognizer:oneTap];
5  [oneTap release];
```

在第1行，我们分配了手势识别器，把当前控制器设置为其目标(self)，并且动作是 handleOneTap:。第 2 行和第 3 行，配置触发动作所需的轻击数量和触碰手指的数量。第 4 行和第 5 行，我们把手势识别器加入到视图，然后清理了内存。

在本例中，当用户用一根手指头轻击一次 myView 视图，该手势识别器就会调用控制器中的以下代码：

```
1  - (void)handleOneTap:(UITapGestureRecognizer*)sender{
2      //处理单次轻击手势
3  }
```

获取代码

请访问fromideatoapp.com/download/example#gesture-everything下载包含UITapGestureRecognizer以及更多例子的项目文件。

UIPinchGestureRecognizer

当 UIView 接收到两个手指有效的捏合捏离手势时，掐捏手势识别器就会被触发。不像轻击手势识别器只在手势结束才触发动作，掐捏手势识别器在 UIGestureRecognizerStateChanged 状态中持续地触发动作。

由于掐捏手势识别器只有极少的选项，所以它的创建代码比轻击手势识别器更加简单。

```
1  - (void)createPinchGesture{
2      UIPinchGestureRecognizer *pinch =
           [[UIPinchGestureRecognizer alloc]
               initWithTarget:self
                   action:@selector(handlePinch:)];
3      [myView addGestureRecognizer:pinch];
4      [pinch release];
5  }
6
7  - (void)handlePinch:(UIPinchGestureRecognizer*)sender{
8      //处理捏合捏离手势
9  }
```

为了方便起见，这次我们把创建手势的代码包装在函数 createPinch-Gesture 中，这对创建手势没有实际的影响，只是让代码看起来更加简明。

第 2 行到第 4 行建立了掐捏手势，这一次，不需要配置轻击和触碰选项——掐捏手势只定义了两个手指头。第 7 行到第 9 行指出这里是实现掐捏手势处理函数的地方。在 myView 视图上探测到掐捏手势时就会调用该函数。

获取代码

请访问fromideatoapp.com/download/example#gesture-everything下载包含UIPinchGestureRecognizer以及更多例子的项目文件。

UIRotationGestureRecognizer

当在相关联的视图上进行两根手指旋转手势时，就会触发旋转手势识别器。就像掐捏手势，旋转手势在 UIGestureRecognizerStateChanged 状态持续地调用动作。

因为该手势识别器只跟踪旋转角度以及旋转的速度，所以该手势也只有极少的选项。

```
1   - (void)createRotateGesture{
2       UIRotationGestureRecognizer *r =
            [[UIRotationGestureRecognizer alloc]
                initWithTarget:self
                        action:@selector(handleRotate:)];
3       [myView addGestureRecognizer:r];
4       [r release];
5   }
6
7   - (void)handleRotate:(UIRotationGestureRecognizer*)sender{
8       //处理旋转手势
9       sender.view.transform =
            CGAffineTransformMakeRotation(sender.rotation);
10  }
```

第1行到第5行执行轻击和掐捏手势识别器一节中同样的功能。我们主要是建立了一个新的识别器，因为没有额外的选项需要配置，在内存中创建了对象后，我们只是把它和视图关联起来。

这一次，为了让事情更加有趣一点，我在动作选择器里实现了额外的代码。看看第9行，回调函数里提供的sender变量实际上是一个识别器。因为我们在使用旋转手势识别器，所以我使用手势识别器的旋转角度创建了一个旋转变换，然后把它应用到手势识别器关联的视图上。有了这些代码，视图将会随着手势旋转（因为这个函数在整个手势过程中持续地被调用）。

图13.4　使用旋转手势变换视图

获取代码

请访问fromideatoapp.com/download/example#gesture-everything下载包含UIRotationGestureRecognizer以及更多例子的项目文件。

UIPanGestureRecognizer

当相关联的UIView接收到指定最小最大手指头数量拖曳时就会触发平移（或者叫做拖曳）手势。拖曳手势在UIGestureRecognizerStateChanged状态持续地调用动作。

```
1  - (void)createPanGesture{
2      UIPanGestureRecognizer *pan =
           [[UIPanGestureRecognizer alloc]
               initWithTarget:self
                       action:@selector(handlePan:)];
3      pan.maximumNumberOfTouches = 3;
4      pan.minimumNumberOfTouches = 2;
5      [myView addGestureRecognizer:pan];
6      [pan release];
7  }
8
9  - (void)handlePan:(UIPanGestureRecognizer*)sender{
10     //处理拖曳手势
11 }
```

当相关联的 UIView 接收到指定最小最大手指头数量拖曳时就会触发平移（或者叫做拖曳）手势。拖曳手势在 UIGestureRecognizerStateChanged 状态持续地调用动作。

获取代码

请访问fromideatoapp.com/download/example#gesture-everything下载包含UIPanGestureRecognizer以及更多例子的项目文件。

UISwipeGestureRecognizer

轻扫手势识别器能检测在相关联视图的一个或者多个方向上的轻扫动作。轻扫手势识别器只能检测沿着 x 或者 y 轴向上、向下、向左和向右的轻扫动作。当创建了轻扫手势识别器后，你还可以指定需要的手指数量，以及可用的轻扫方向以便触发动作选择器。

```
1  - (void)createSwipeGesture{
2      UISwipeGestureRecognizer *swipe =
           [[UISwipeGestureRecognizer alloc]
```

```
            initWithTarget:self
                  action:@selector(handleSwipe:)];
3       swipe.direction =
            UISwipeGestureRecognizerDirectionRight |
            UISwipeGestureRecognizerDirectionLeft;
4       [myView addGestureRecognizer:swipe];
5       [swipe release];
6   }
7
8   - (void)handleSwipe:(UIPanGestureRecognizer*)sender{
9       //处理轻扫手势
10  }
```

请注意第3行，当我们为轻扫设置有效的方向时，我们使用“|”符号来组合两个值，从而定义了向左和向右两个方向。此外，因为我们没有定义轻扫所需要的手指数量。它的默认值是1。在这个例子中，当用户使用一根手指向左或者向右轻扫视图myView时，轻扫手势识别器就会触发动作选择器。

获取代码 ➠➠➠

请访问fromideatoapp.com/download/example#gesture-everything下载包含UISwipeGestureRecognizer以及更多例子的项目文件。

UILongPressGestureRecognizer

长按手势识别器用于检测在关联视图中按下并保持的手势。它有四个配置选项：minimumPressDuration、numberOfTouchesRequired、numberOfTapsRequired以及allowableMovement。前两个选项的意义是不言自明的，但是后两个的意义就没有那么明显了。

numberOfTapsRequired属性表示需要多少轻击手势才开始注册长按手势。该属性的默认值是1，意味着如果第一个轻击然后按住不放，就会注册长按手势。但是，如果你改变numberOfTapsRequired的值为2，那么第一次轻击——甚至你按住持续了最小的时间——不会注册为长按手势。

第四个属性 allowableMovement 表示按住后最多能移动的像素距离，如果移动超出这个距离，就不会注册为长按手势了。allowableMovement 的默认值是 10 像素。

```
1  - (void)createLongPressGesture{
2      UILongPressGestureRecognizer *lp =
           [[UILongPressGestureRecognizer alloc]
               initWithTarget:self
                     action:@selector(handleLP:)];
3      lp.numberOfTapsRequired = 3; //从第3次单击开始
4      lp.minimumPressDuration = 2;
5      lp.numberOfTouchesRequired = 1;
6      [myView addGestureRecognizer:lp];
7      [lp release];
8  }
9
10 - (void)handleLP:(UILongPressGestureRecognizer*)sender{
11     //处理长按手势
12 }
```

从第 3 到第 5 行，我们在配置长按手势识别器的属性。第 3 行指定长按需要轻击的数量是 3。这意味着，如果用户没有完成三次轻击，那么永远都不会触发长按手势。第 4 行以秒数表示最小的持续时间，而第 5 行表示需要多少根手指来完成这个手势。

获取代码 ➠➠➠

请访问fromideatoapp.com/download/example#gesture-everything下载包含UILongPressGestureRecognizer以及更多例子的项目文件。

为什么跳过touchesBegan而使用UIGestureRecognizer

有两种方法跟踪触摸和手势，你也许会问，为什么跳过一个而使用另一个呢？答案很简单，它又回到了我们讨论的重点，那就是创建和设计可以复用组件的应用程序。

当你创建了一个自定义 UIView，并且在视图本身内跟踪触摸事件，这就会限制该视图在其他地方使用，因为该视图所有关联的触摸事件都是在自己类中实现的，而这些触摸事件并不适合所有的环境。请记住，理想情况下，视图就是视图，而所有和控制相关的东西最好放在控制器中实现（模型—视图—控制器模式）。如果你创建了一个自定义 UIView，但是你把必要的 UIGestureRecognizer 挂接在该视图，你就可以在程序中其他的部分重用该视图，而不需要重新设计手势控制。根据不同的使用环境，该视图可以响应轻扫手势，也可以响应拖曳或者双击手势。

设计师注意事项

本节的代码量很大，而讨论的概念对开发人员的影响要被设计师大得多。然而，你应该从本节学到的是有效地设计UI控件，能够容易地实现它以及能轻易地重用它。当设计你的UI时，需要了解你的开发人员可能会在视图中使用UIGestureRecognizer而不是直接使用touchesBegan等触摸方法。尝试把你的UI看成开发人员可以使用和重用的组件，并且可以轻易地使用UIGestureRecognizer把手势整合到你的UI组件。

开发者注意事项

除了本节中使用的苹果公司定义的手势，苹果公司可以让你实现你自己的UIGestureRecognizer子类，让您能够手动地跟踪触摸数据流，创建像勾、圈等手势。要实现自定义的手势，在创建了一个UIGestureRecognizer子类后，还必须在头文件中加入#import <UIKit/UIGestureRecognizerSubclass.h>。这使得你的子类可以重载UIGestureRecognizer类的touchesBegan、touchesEnded、touchesMoved和touchesCancelled等方法。请访问fromideatoapp.com/reference#gesturesubclass获取更多信息以及如何创建自定义手势识别器的一个完整的教程。

运动手势

我们将在这里讨论的最后一个主题是 iOS 设备的运动。正如触摸手势是你的应用程序的输入，iOS 设备可以使用内部的加速计和三轴陀螺仪检测设备的物理运动和设备方向。因此，虽然触摸输入通常是作为一个应用程序的主要输入，但是你也可以接收来自设备本身的输入。

注意事项

本节中描述的方法都定义在 UIResponder 类中，该类是所有我们讨论过的 UIKit 中的类的父类，比如 UIView、UIViewController。然而，随着 iOS 4.2 的推出，只有 UIResponder 的直接子类在响应者链中向前传递事件（UIView 和 UIViewController）。虽然我们在其他的 UIResponder 子类中重载这些方法而不会有编译错误，但是只有 UIView 和 UIViewController 实际上会响应。

有两种方法来使用设备上的运动输入。你可以捕获苹果公司预定义的摇晃手势，其中 iOS 自动监视输入，并且当一个有效的摇晃手势发生时发出信号，或者你可以从设备的加速计或者陀螺仪捕获实时的原始数据流。

iOS的摇晃手势

当 iOS 设备突然移动，然后停下来，就会触发摇晃手势。摇晃手势不是持续性的事件。如果你的设备持续摇晃或者左右移动，iOS 可能在最开始时发送一个摇晃手势信号，但是随后发现不再是一个有效的摇晃手势而且可能是随机运动时就不再发送摇晃手势信号。为了在 UIViewController 中捕获摇晃手势，你必须设置视图控制器为第一响应者。iOS 应用程序中的响应者是可以从系统接收并处理事件的对象。通过设置视图控制器为第一响应者，我们告诉了 iOS 把任何运动手势信息首先发送给试图控制器。为了设置视图控制为第一响应者，你必须把下列代码加入到 .m 文件。

```
1  -(void)viewDidAppear:(BOOL)animated{
2      [super viewDidAppear:animated];
3      [self becomeFirstResponder];
4  }
5
6  -(BOOL)canBecomeFirstResponder{
7      return YES;
8  }
```

我们需要添加的第一段代码是在视图控制器的viewDidAppear方法中（从第1行到第4行）。回顾在第5章“用户界面控制器和导航”我们对视图生命周期的讨论，viewDidAppear的方法是和视图控制器关联的视图显示在屏幕上后立马被调用的。此时，第3行，我们调用方法becomeFirstResponder，它告诉iOS，我们想要视图控制器最先接收所有的系统消息。最后，我们需要添加一个方法，它告诉iOS我们允许自己成为第一响应者。当iOS看到一个对象调用becomeFirstResponder想成为第一响应者，它会首先调用该对象的canBecomeFirstResponder方法看看操作是否是允许的。在第6行到第8行，我们实现了这种方法简单地返回YES。

开发者注意事项

相对于总是返回YES，你可以利用canBecomeFirstResponder方法加入一个条件返回语句。例如，如果应用程序有启用或禁用摇晃手势的首选项，相对于返回YES，你可以简单地返回首选项的值。这样可以启用或禁用视图控制器成为第一响应者，从而可以启用或者禁用摇晃手势。

识别摇晃运动事件

运动事件响应的方法模式类似于触摸事件响应touchesBegan、touchesEnded和touchesCancelled方法。当运动被iOS检测到，就会使用类型UIEventTypeMotion和子类型UIEventSubtypeMotionShake创建一个UIEvent对象，然后传递给我们的运动响应方法。截至iOS 4.2，iOS只能识别摇晃手势运动类型。

虽然触摸事件包含多点触碰和轻点数目，但是运动事件只包含有效的摇晃手势和无效的摇晃手势。下面的方法可以在视图控制器中实现以便捕获运动事件。请记住，除非你的视图控制器被设置成第一响应者，不然下面的方法都会被忽略：

- motionBegan:withEvent:;
- motionEnded:withEvent:;
- motionCancelled:withEvent:。

设计师注意事项

你可以使用摇晃运动手势作为你的UI的组件。苹果公司创建了一组API，使得你可以轻松地在你的应用程序中整合例如摇晃撤销和摇晃重做手势。如果你创建了允许用户编辑和管理数据的工作流程，可以考虑把摇晃手势整合到你的工作流程中。

下面的代码在试图控制器的 viewDidLoad 方法中创建和添加了一个名叫“status”的 UILable 对象，并且添加了运动响应方法。

```
1  - (void)viewDidLoad {
2      [super viewDidLoad];
3      CGRect lframe = CGRectMake(0, 0, 320, 30);
4      status = [[UILabel alloc] initWithFrame:lframe];
5      status.text = @"No Shake Detected";
6      status.textAlignment = UITextAlignmentCenter;
7  
8      [self.view addSubview:status];
9      [status release];
10 }
11 - (void)motionBegan:(UIEventSubtype)motion
           withEvent:(UIEvent *)event{
12     status.text = @"Shake Motion Started";
```

```
13 }
14
15 - (void)motionCancelled:(UIEventSubtype)motion
              withEvent:(UIEvent *)event{
16     status.text = @"Shake Motion Cancelled";
17 }
18
19 - (void)motionEnded:(UIEventSubtype)motion
          withEvent:(UIEvent *)event{
20     status.text = @"Shake Motion Ended";
21 }
```

从第1行到第10行，我们建立了名叫status的UILabel对象，它是一个局部变量，然后把它作为子视图添加到视图控制器管理的视图里（第8行）。第11行到第21行实现了运动响应方法。第11行，通过实现motionBegan:withEvent方法，我们捕获摇晃手势的开始。为了帮助确定这个事件，我们把status的文本改为“Shake Motion Started”。第15行，捕获了摇晃手势被iOS取消的事件，并且也相应更新了status的文本。请记住，当iOS判定摇晃手势不再有效时（例如，胡乱地摇晃设备不是有意的手势）就会取消摇晃手势。最后，在第19行中，我们实现了motionEnded:withEvent方法。至此，我们把摇晃手势作为有效的手势。如果你植入一个自定义的摇晃来做某件事情的突出特征，那么考虑使用motionEnded方法确保手势的触发不是无意的（如果是无意的会被iOS取消）。

获取代码

请访问fromideatoapp.com/download/example#shake-gestures下载包含摇晃手势以及更多例子的项目文件。

在线的奖励材料

我用完了篇幅！我的编辑告诉我需要消减本书的篇幅——而我还有很多内容需要告诉你。所以，我把本章的最后12页放在了在线奖励材料中，我们继续探讨如何使用从加速计和陀螺仪获得的原始数据实现自定义运动手势，请访问 fromideatoapp.com/bonus-materia。

iOS应用程序蓝本

自定义手势

我们刚刚学习了如何在你的应用程序中使用手势添加独特的功能。不像大多数桌面应用程序，iOS 应用程序不限于使用按钮或者控件来输入。设备本身的物理运动或者设备屏幕上的多点触碰手势为用户提供了一个真正的沉浸式的体验。

获取代码 ➠➠➠

你可以随着我们的步伐来建立这个应用程序，或者请访问fromideatoapp.com/downloads/blueprints下载完整的项目文件FI2ADemo，然后跟上我们的讲解。

概述

该蓝本的目标很简单。我们想要让用户使用两根手指头在屏幕上拖曳 countdown 控制器（在上一个蓝本中添加的）。我们要探讨在屏幕上跟踪用户手指的两个方法：

- 在HUDView（UIView的子类）中实现touchesBegan、touchesMoved和touchesCancelled方法。
- 在T2_TableViewController类中给countdown视图关联一个UIPanGestureRecognizer。

现在我们需要考虑如何以及为什么实现一个方法或者是另外一个方法。正如你所知道的，我们在前一个蓝本中下载了 CountdownViewController 和 HUDView 类。没有自己写这些代码，重载方法来实现添加拖曳行为可能不是一个好主意。我们还把 countdown 视图添加到 T2_TableViewController 里的导航控制器。我们要做的最后一件事情是隔离视图中的控制器方法，尤其是当我们想把视图添加到另一个控制器关联视图的时候，而此时这个关联视图正是我们自己（self.navigationController.view）。

鉴于这种情况，通过创建一个 UIPanGestureRecognizer 然后把它和一个视图关联起来的方法来给 CountdownViewController 添加触摸功能就很有意义了。采用这种方式的话，CountdownViewController 保持不变，使我们可以在未来不想要用户四处移动它以及想要我们的控制器类维护 UI 行为的控件重用这个类。

为了使用 UIPanGestureRecognizer 让用户能够在屏幕上四处拖曳倒计时视图。我们需要执行以下的步骤。

（1）在 T2_TableViewController 头文件中创建一个 CGPoint 引用，以便存储触摸事件的初始值。然后定义处理实际平移手势的方法。

（2）创建一个 UIPanGestureRecognizer，并且把它和 CountdownViewController 的视图关联。

（3）基于平移手势的相对运动，调整 CountdownViewController 的视图位置。

步骤1

首先，我们需要在 T2_TableViewController 头文件中添加两样东西：用来跟踪平移手势初始值的 CGPoint，以及处理实际平移手势的方法。现在，你应该可以轻松创建新的变量，以及定义新方法了吧！让我们添加下面的代码：

```
1  #import <UIKit/UIKit.h>
2  #import "CountdownViewController.h"
3  @interface T2_TableViewController : UITableViewController
       <CountdownViewControllerDelegate> {
4  CGPoint firstPoint;
5  }
```

```
6
7 - (void)panCountdownHUD:(UIPanGestureRecognizer*)panGesture;
8 @end
```

第 4 行，我们在类接口中添加了一个变量 firstPoint，然后在第 7 行，我们声明了平移手势处理方法。请注意在第 7 行，平移手势方法接收平移手势自身作为参数。我们将使用这个参数来维持移动的倒计时视图的引用。

步骤2

下一步是实际地创建平移手势。因为我们在 T2_TableViewController 的 didSelectRowAtIndexPath 方法中创建倒计时视图控制器，所以也在这里创建我们的手势。我们简单地分配了一个新对象，定义了需要的触摸手指数量，然后把它与 CountdownControllerView 的视图相关联。我们将在 didSelectRowAtIndexPath 方法创建 CountdownViewController 对象的代码后面紧接着添加下面的代码块：

```
1 // 创建一个UIpanGestureRecognizer
2 // 设置手势动作的目标是自己,
3 // 设置动作方法是panCountdownHUD:
4 UIPanGestureRecognizer *pan = [[UIPanGestureRecognizer alloc]
      initWithTarget:self
      action:@selector(panCountdownHUD:)];
5
6 // 定义触控手指数量最低为2
7 pan.minimumNumberOfTouches = 2;
8
9 // 把拖曳手势识别器加入到
10 // 我们的倒计时视图控制器中,
11 // 然后释放拖曳手势（内存管理）
12  [count.view addGestureRecognizer:pan];
13  [pan release];
```

第 4 行，我们创建了新的 UIPanGestureRecognizer，目标对象设置为 self（即 T2_TableViewContoller），动作方法是 panCountdownHUD:。接下来，第 7 行定义了触摸手指的数量，第 12 行，我们把手势识别器和倒计时视图控制器的视图相关联。第 13 行，通过是否平移手势以便维持正确的内存管理。

步骤3

最后一步是实现 panCountdownHUD 方法，以便当用户使用两根手指在视图上拖曳时，倒计时视图也跟着相应的调整位置。我们是这样实现的：存储手势开始时的视图位置，然后计算手势当前和开始时的差异。最后使用这个计算结果把视图调整到新的位置。

```
1  - (void)panCountdownHUD:(UIPanGestureRecognizer*)panGesture{
2  
3  // 检查手势识别器的状态，如果是开始状态，
4  // 则保存倒计时视图控制器的当前位置
5  if([panGesture state] == UIGestureRecognizerStateBegan)
6        firstPoint = panGesture.view.center;
7  
8  // 计算手势当前和开始时的差值
9  //
10 CGPoint diff = [panGesture
         translationInView:self.navigationController.view];
11 
12 // 使用之前保存的位置和手势产生的差值，
13 // 用来计算倒计时视图的新位置
14 CGPoint newCenter = CGPointMake(firstPoint.x + diff.x,
                                   firstPoint.y + diff.y);
15 
16 // 把倒计时视图控制器的视图位置位置设置为计算得到的值
17 panGesture.view.center = newCenter;
18 }
```

完成了！如果你编译和运行项目，应该通过两根手指头拖曳倒计时视图从而调整它的位置。如果你是使用 iOS 模拟器，回去改变触摸手指数量的值，把它改成 1。当只使用一个手指拖曳，也会触发平移手势。因为 iOS 模拟器在平移手势里不能模拟多点触碰。你只能在实际的 iOS 设备上看到两根手指的平移手势。

你可以看到使用手势来提高可用性，并添加功能的优势。请记住，我们也学了如何实现掐捏手势。如果你想要给该项目增加了掐捏手势放大或者缩小的功能，你可以使用 UIPinchGestureRecognizer。您也可以使用 UISwipeGestureRecognizer 实现一个轻扫功能。随意下载项目文件，并在它们之上继续构建新的功能。

获取代码

请访问fromideatoapp.com/download/blueprints下载该蓝本以及更多例子的项目文件。

作者后记

感谢你阅读本书！我真诚地希望你喜欢本书，以及在阅读过程中学到了东西。一定要从 fromideatoapp.com 检查可用的资源，并且有任何疑问或者意见请随时联系我，可以通过本书的网站或者通过电子邮件 @shawnwelch（twitter.com/shawnwelch）联系我。读完本书后如果你决定制作应用程序，请让我知道！我很乐意看到你们的产品，我甚至可能是你的第一名顾客。:）

保持简单，保持有效，令人难忘。

—Shawn